"十四五"职业教育系列教材

建筑设备工程
BIM 建模与应用

主 编 刘彬

副主编 袁合勇 许 峰

参 编 姜云涛 李中庆 常 蕾
　　　　潘 锐 周伟伟

主 审 牟培超

中国电力出版社
CHINA ELECTRIC POWER PRESS

内 容 提 要

本书为"十四五"职业教育系列教材。本书以任务为导向，以 Revit 软件为基础，以建筑设备 BIM 为核心，围绕典型的项目，由浅入深地介绍 BIM 基础及其在建筑设备工程中的实践及应用。

本书内容分为 3 篇：第 1 篇为 BIM 基础入门，主要讲述 BIM 的基本概念、软件操作基础及建筑工程模型创建的方法；第 2 篇为设备工程 BIM 实践，重点讲述建筑给排水、消防、暖通及电气工程模型创建的方法；第 3 篇为设备工程 BIM 综合应用，重点讲述设备工程的模型深化设计及成果输出，并通过真实的工程案例全面介绍 BIM 技术的应用成果。

本书可以作为高职及应用本科院校建筑类相关专业的教学用书，也可作为建筑行业专业技术人员或者 1+X 证书建筑信息技术模型（BIM）职业技能等级考试的参考用书。

图书在版编目（CIP）数据

建筑设备工程 BIM 建模与应用/刘彬主编．—北京：中国电力出版社，2022.2（2023.8重印）

"十四五"职业教育系列教材

ISBN 978 - 7 - 5198 - 6221 - 3

Ⅰ.①建… Ⅱ.①刘… Ⅲ.①房屋建筑设备—建筑设计—计算机辅助设计—应用软件—高等职业教育—教材 Ⅳ.①TU8—39

中国版本图书馆 CIP 数据核字（2021）第 238648 号

出版发行：中国电力出版社

地　　址：北京市东城区北京站西街 19 号（邮政编码 100005）

网　　址：http://www.cepp.sgcc.com.cn

责任编辑：孙　静（010 - 63412542）

责任校对：黄　蓓　郝军燕

装帧设计：赵丽媛

责任印制：吴　迪

印　　刷：三河市航远印刷有限公司

版　　次：2022 年 2 月第一版

印　　次：2023 年 8 月北京第二次印刷

开　　本：787 毫米×1092 毫米　16 开本

印　　张：18.25

字　　数：428 千字

定　　价：49.80 元

前　　言

当前 BIM 技术在建筑领域应用越来越广泛，尤其在设备安装领域更是发挥了巨大的应用价值，BIM 专业人员日益受到重视，并逐渐向强制化配置方向发展，人才需求不断提升。与此同时，我国高职教育已经开始实施 1＋X 证书制度，建筑信息技术模型（BIM）职业技能等级证书作为首批职业资格证书之一，积极推动了建筑相关专业的课程体系改革，突出了 BIM 技术应用在专业建设中的价值。

相比实际人才紧缺的现状，当前高校的建筑类专业，尤其是设备类专业的 BIM 课程起步较晚，师资力量及教材相对匮乏。专业人才培养需要学校、企业及社会多方协同，共同探索切实可行的人才发展路线，培养出真正满足企业需求并适应行业转型的专业人才，发挥 BIM 技术在行业中的应用价值。

基于上述背景进行了本书的编写。本书以实际工作任务及岗位技能要求为基础，并与 1＋X 证书相关考试内容进行有机衔接，围绕典型的项目案例，系统讲述了 BIM 技术的基本概念、建模基础及综合应用，最后通过企业真实案例对基础知识进行补充，让读者的实践水平有一个系统提升。围绕书中的案例，本书配套了相关的数字资源及学习视频，通过二维码可以及时获取。

本书的特色主要有以下几点：

第一，教材内容的精心组织。为了避免长篇累牍，本书没有像同类教材那样对项目进行"建模全过程文字记录"，而是将典型任务的实施过程精心提炼成若干个"举例"，将每个单元的"举例"进行串联，即构成一个完整的项目，同时在每个单元的末节对任务进行系统梳理。

第二，内容展现形式新颖。围绕 BIM 软件操作的知识点，本书中的"操作"重在教授基础知识，"举例"侧重知识的应用，"拓展"用于技能的提升，三种方式由浅入深，便于读者根据个人需求有选择地进行阅读。对于一些学习中的注意事项，通过"提示"加以描述，强化读者的认知。

第三，作为一本数字化教材，本书提供了丰富而灵活的视频学习资源。本书配套多达141 个视频，覆盖了软件操作的全部知识点。每个视频时长短、内容精，与书中"操作""举例"内容一一匹配，读者在书中相应的位置扫码即可获取。丰富的视频资源既可以提高读者的学习效率，有效减少文字阅读的枯燥，还有助于读者对知识点进行快速捕捉，提高学习的灵活主动性。

本书在编写时充分借助了企业的资源，由一线高校教师和企业技术骨干共同编写。山东城市建设职业学院刘彬担任主编，并编写第 2 章、第 3 章、第 5 章；国网山东省电力公司袁合勇担任副主编并编写第 9 章、第 12 章；山东融建优格建筑科技有限公司许峰担任副主编并编写第 1 章、第 4 章；国网山东省电力公司成武县供电公司姜云涛编写第 10 章、山东城市建设职业学院常蕾编写第 6 章，李中庆编写第 7 章、潘锐编写第 8 章、周伟伟编写第 11

章。感谢编写团队成员在编写过程中的辛勤付出及各位同仁的悉心指导。国网山东省电力公司及山东融建优格建筑科技有限公司为本书编写提供了大力支持，在此一并感谢。

为了适应人才培养的改革，本书在编写时进行了一些新的尝试与探索，加之编者水平有限，书中不当之处在所难免，恳请广大读者批评指正。

编者

2021 年 12 月

目　录

第1篇
BIM 基础入门

BIM

第1章　BIM概论

学习目标

知识目标

了解常用的 BIM 软件；

熟悉应用 Revit 软件的工作流程。

能力目标

认识 BIM 技术的应用价值；

掌握建筑设备工程 BIM 建模要求。

素养目标

培养自主学习的习惯。

工作任务

BIM 技术相关的基础知识见图 1-1。

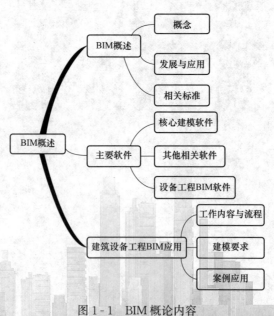

图 1-1　BIM 概论内容

1.1　BIM　概　述

1.1.1　BIM 概念与技术特点

1. BIM 概念

1975 年，BIM（Building Information Modeling）技术由"BIM 之父"——佐治亚理工学院的 Chuck Eastman 教授首次提出，如今已经在全球范围内得到业界的广泛认可，在国内外工程建设中得到越来越多的应用。BIM 技术可以服务于建筑的全寿命周期，从建筑的设计、施工、运行直至终结，各种信息始终整合在一个三维模型信息数据库中，设计团队、施工单位、运维部门等各方人员能够基于 BIM 进行协同工作，有效提高工作效率，节省资源，降低成本，实现可持续发展。

BIM 的核心是通过建立虚拟的建筑工程三维可视化模型，利用数字化技术，为这个模型提供完整的建筑物构件的信息数据，包括几何信息、专业属性及状态信息，以及非构件对象（如空间、运动行为）的状态信息，从而提高建筑工程的信息集成化程度，为建筑工程项目的相关利益方提供了一个工程信息交换和共享的平台。

2. BIM 技术特点

与传统的工程设计、施工、造价、管理手段相比，BIM 具有明显的优势，概括起来有以下特点：

（1）可视化。传统的工程设计基本采用 CAD 工具来完成，创建的是一种二维视图，图纸数量多，工作效率低，对于大型的复杂项目的疏漏更是难以避免。将以往的二维平面图变成一种三维的立体实物图形展示在人们的面前，可视化是对传统设计方式的一种颠覆，可谓 BIM 技术的最大优势，它可以更好地表达设计意图，便于专业技术人员之间，甚至非专业人员彼此沟通。

（2）模拟性。模拟性并不是只能模拟设计出的建筑物模型，还可以对建筑物的性能进行模拟，将真实世界难以进行操作的事物进行还原，例如：紧急疏散模拟、日照模拟、热能传导模拟等。

（3）协调性。建筑工程涉及专业众多，各专业之间彼此存在密切的联系，也会产生相互影响，这在设备专业表现得尤为明显，如各种机电管线的综合排布、管道与结构的碰撞等。利用 BIM 技术的协调性就可以处理这种问题，使各个专业协调配合，提高工作效率并有效节省施工成本。

（4）优化性。BIM 及与其配套的各种优化工具能对项目进行可能的优化处理。基于空间、物理等限制规则，利用模型提供的各种信息进行优化，当建筑物的复杂程度较高时，这种优化性展现得更加明显。

（5）成果多样性。创建的 BIM 模型经过碰撞检查和优化修改后，可以输出多种设计成果，如综合管线图、综合结构留洞图、碰撞检查报告、工程量明细表等。

BIM 技术对比传统的 CAD 技术，二者存在一定的联系，它们均是对工程实体进行图形的表达，但它们的区别更为明显。宏观上讲，对于 CAD 而言，其绘制的图纸即是最终的成果，而 BIM 技术创建的模型仅是一个"原材料"，后续可以利用 BIM 模型在工程建设的各个阶段发挥更多的价值，比如计算工程造价、施工管理等。对于初学者而言，从软件操作上来讲，CAD与BIM技术的差别具体见表1-1。

表1-1　　　　　　　　　　　　　　CAD与BIM技术的差异

主要区别	CAD技术	BIM技术
基本元素的创建	点、线为基本绘图元素，各元素之间没有关联，任意绘制	建筑构件为基本创建元素，各元素之间存在关联，创建时有一定约束
建筑信息的表达	仅限于尺寸、规格等几何信息	包含全部的建筑信息，且可以随时进行更新、支持各类信息的汇总、查找、管理
局部图元修改	重新画图	所有图元均为参数化构件，通过修改图元的属性信息进行修改
整体修改	需要对平面图、立面图等不同的图纸分别进行修改	各个视图相互关联，只需要在其中一个视图中修改，其他视图同步修改

1.1.2　发展与应用

1.BIM在国外的发展状况

美国是较早启动建筑业信息化研究的国家，早在2003年起，美国总务管理局（GSA）通过其下属的公共建筑服务处（Public Buildings Service，PBS）开始实施一项被称为国家3D-4D-BIM计划的项目。实施该项目旨在实现技术转变，提供更加高效、经济、安全、美观的建筑，同时促进和支持开放标准的应用。

英国的AEC企业与世界其他地方的相比，发展速度更快。2011年5月，英国内阁办公室发布了"政府建设战略（Government Construction Strategy）"，文件明确要求，到2016年，政府要求全面协同的3D·BIM，并将全部的文件以信息化管理。

韩国在运用BIM技术上十分领先。多个政府部门都致力制定BIM的标准，韩国主要的建筑公司都在积极采用BIM技术，主要应用于项目施工管理以及施工阶段一体化的研究和实施等。

日本建筑学会于2012年7月发布了日本BIM指南，从BIM团队建设、BIM数据处理、BIM设计流程，应用BIM进行预算、模拟等方面为日本的设计院和施工企业应用BIM提供了指导。此外，多家日本BIM软件商成立了日本国产解决方案软件联盟。

2.BIM在国内的发展状况

早在2009年，香港便成立了香港BIM学会。2009年11月，香港房屋署发布了BIM应用标准并提出，在2014年到2015年该项技术将覆盖香港房屋署所有项目。目前香港的BIM技术应用已经完成从概念到实用的转变，处于全面推广的最初阶段。

2007年台湾大学与Autodesk签订了产学研合作协议，重点研究建筑信息模型（BIM）及动态工程模型设计。后来，台湾有多所大学陆续成立了工程信息仿真与管理研究中心，对BIM进行了广泛研究，推动了台湾对于BIM的认知与应用。

2011年5月，我国住建部发布的《2011～2015年建筑业信息化发展纲要》中，明确指出：在施工阶段开展BIM技术的研究与应用，推进BIM技术从设计阶段向施工阶段的应用延伸，降低信息传递过程中的衰减；研究基于BIM技术的4D项目管理信息系统在大型复杂工程施工过程的应用，实现对建筑工程有效的可视化管理等。这拉开了BIM在中国应用的序幕。2021年，国家统计局发布的《数字经济及其核心产业统计分类（2021）》中，BIM技术和云计算、大数据等被我国列入了数字经济及其核心产业，随着数字化智慧城市建设的推进，BIM技术的应用开始从建筑领域向市政、桥梁等更广泛的领域推广。

3.BIM技术应用发展方向

当前，BIM技术的应用主要包括建筑设备模型创建及综合应用、建筑设备施工工艺模拟、建筑设备施工进度模拟、建筑设备预制装配式设计、建筑设备施工质量管理等，涵盖了设计、施工、管理、运维各个阶段，逐渐向建筑全生命周期BIM应用迈进。经过多年的发展，BIM外部环境和技术应用的目标变得更加明确，正在从模型应用向管理应用转变。

今后，BIM技术将朝着良性发展的方向稳步前进。在行业中逐步建立起基于BIM技术的工程行业数字化监管模式，设计、施工等企业完成数字化转型升级，延长BIM价值，加大智能建造在工程建设各环节的应用，形成涵盖科研、设计、生产、施工、运营等全产业链融合一体的智能建造产业体系。

1.1.3　相关标准

BIM标准是建立标准的语义和信息交流的规则，为建筑全生命周期的信息资源共享和业务协作提供有力保证。2012年1月，住建部《关于印发2012年工程建设标准规范制订修订计划的通知》宣告了中国BIM标准制定工作的正式启动，其中包含五项BIM相关标准，涉及模型的应用、存储、交付、分类和编码等多个方面。2019年4月由中国建筑标准设计研究院主编的《建筑信息模型设计交付标准》（GB/T 51301—2018）、《建筑工程设计信息模型制图标准》（JGJ/T 448—2018）和《建筑信息模型分类和编码标准》（GB/T 51269—2017），这三本BIM领域内重要的国家标准、行业标准首次面向行业同仁发布与宣贯，确立了BIM技术在建筑行业中的地位。

1.2　BIM软件简介

1.2.1　核心建模软件

Autodesk公司的Revit建筑、结构、机电系列，它是目前国内最基本的建模软件，也是二次开发的基础软件，广泛应用于民用建筑，这款软件在国内应用最为广泛。

Bentley建筑、结构和设备系列，适合工厂设计和基础设施应用，Bentley产品优势集中在工厂设计（石油、化工、电力、医药等）和基础设施（道路、桥梁、市政、水利等）领域。

ArchiCAD为BIM核心建模软件，在国外市场具备一定的影响力，主要用户为单专业建筑事务所，国内市场应用相对较少。

CATIA为全球最高端的机械设计制造软件，使用成本相对较高。Digital Project是在CATIA基础上开发的一个面向工程建设行业的应用软件，当项目完全异形，且预算比较充裕时可以选择Digital Project或CATIA。

1.2.2　其他相关软件

（1）BIM模型浏览软件。传统的建模软件体积庞大，对电脑硬件有较高的要求，不便于在施工现场快速查看BIM模型。为解决这个问题，轻量化的模型浏览软件应运而生，国外浏览软件有BIMx、Navisworks Freedom、Tekla BIMSight，目前国内软件包括e建筑、BIM看图大师、CCBIM、BIM浏览器等。轻量化的浏览软件支持快速查看构件参数，除了在电脑，在移动端也可以实现上述功能。

（2）BIM 结构分析软件。国外软件有 ETABS、STAAD、Robot，国内软件以 PKPM 为主。PKPM 可谓国内最常用的结构设计软件，它与 BIM 的结合可以为结构设计人员带来很大的便利。

（3）BIM 模型综合碰撞检查软件。常见的模型综合碰撞检查软件有 Autodesk Navisworks、Bentley Projectwise Navigator、广联达 BIM 等。这类软件应用较广，适合工程设计、施工等各类人员使用。

（4）BIM 造价管理软件。国外有 Innovaya 和 Solibri，国内以鲁班软件与广联达软件为主。

（5）BIM 运营软件。作为全周期控制软件，运营软件适合工程管理人员使用。作为最有市场影响的软件之一，ArchiBUS 以及 FacilityONE 是其中的典型代表，能为项目管理运营提供不小的帮助。

1.2.3　设备工程 BIM 软件

1. 设备工程建模软件

BIM 技术的应用价值在设备工程发挥的尤为明显，作为传统的建模软件，Revit 在建筑设备工程领域的功能集中体现在 Revit MEP——面向建筑设备及管道工程的建筑信息模型。Revit 能够最大限度地减少专业设计团队之间的协调错误，为工程师提供建筑性能分析，包括照度计算、负荷分析、管道流量计算等。Rebro 也是一款国外专门为建筑机电设备专业开发的 BIM 软件，应用于建筑机电工程的三维设计，它适用于建筑、结构、给排水、暖通、电气五大专业，在进行机电管线综合阶段调整修改、操作时非常便利。

围绕设备机电工程，国内的主流 BIM 软件包括广联达 MagiCAD 软件以及品茗 Hibim，它们均是为机电行业打造的 BIM 软件，可广泛用于通风、管道、电力等专业领域。支持 AutoCAD 和 Revit 平台，通过一键翻模功能，可以从 CAD 图纸中快速提取并自动创建模型，简化了 Revit 的操作难度，大大提高了建模速度。与此同时，软件内置丰富的机电产品数据库并及时进行更新，保证了创建的模型具有较强的实效性。

2. 设备工程分析软件

国内 BIM 机电分析软件中，鸿业（已被广联达收购）BIMSpace 给排水设计软件最为大众所熟悉，其功能涵盖了给水、排水、热水、消火栓、喷淋系统，让给排水设计工作更加便捷、智慧，能够大幅度提高设计师的工作效率。博超电气专业设计软件 EES 在中国主要应用于电力行业，它具备电系统设计、平面设计、照度计算、照明系统设计、弱电系统、防雷设计、接地设计等多个工具模块，目前博超已被德国 RIB 公司收购。

国外 BIM 机电分析软件有 IES Virtual Environment、Trane Trace。IES Virtual Environment 简称 VE，是一款建筑性能分析软件，其高度的集成化优势能够把设计分析的时间减到最小，从而带来更多的创新能力。Trane Trace 能源分析软件是一款空调经济性分析软件，它能够帮助暖通空调工程师基于能源利用和设备生命周期成本，对建筑暖通空调系统进行优化设计。该软件操作简单，而且具有超强的模拟功能，支持模拟八种冷负荷计算法。

1.3　建筑设备工程 BIM 应用

1.3.1　工作内容与流程

设备工程包含给排水、电气、消防、通风空调等多个专业（MEP），交叉学科多，专业差异大。与建筑工程及结构工程相似，设备工程实践同为 Revit 主要模块之一，围绕设备工程的相关专业，在完成模型创建的基础上，借助软件的参数化特性，对相关专业进行性能分析，完成部分模型的自动创建及校验。

从当前行业需求来看，建筑设备模型创建及深化设计最能体现 BIM 技术的应用价值，在实际项目中应用得最为广泛。在设计过程中，各专业内部及专业之间通过彼此协同、信息共享，不断对模型进行深化，以此减少各种构件的碰撞，降低各专业之间的影响，避免设计信息的遗漏，实现整个建筑设备工程设计的协调一致。

虽然本书主要面向设备机电专业，为了满足协同设计的需要，作为设备专业的工程技术人员，依然需要具备一定的建筑工程模型创建的基础。相对大家熟悉的 CAD 绘图软件，无论是基本原理、概念还是操作，Revit 软件都要更加复杂，模型创建时制约因素较多，对建模者的基础知识要求较高，掌握 Revit 软件的基本概念及功能是很有必要的。

综上所述，建筑设备工程 BIM 建模与应用可以按照项目准备、模型创建及综合应用的流程，由专业工程师利用三维建模软件完成给排水、电气、消防、通风空调等专业模型的创建，在特定区域完成管线综合深化任务，在遵循相关设计及施工规范要求的基础上，统一协调优化各专业系统（建筑、结构、设备等专业）的综合排布，如图 1-2 所示。具体来讲，典型的工作内容包括：创建设备专业模型、碰撞检查及模型优化、工程量统计、成果输出（碰撞检查分析报告、管线综合图纸、专业深化设计图纸等）。

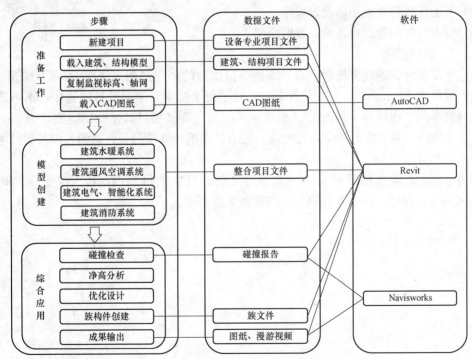

图 1-2　设备专业模型创建典型流程

1.3.2　建模要求

1. 机电设备建模要求

建筑设备系统常见的机电设备有水泵、空调、风机、电梯、消防设备、配电机柜箱等。

创建这些设备模型时一般应遵循以下要求：

（1）创建每一个模型构件时应根据设计要求选择合理的类型，并设置正确的实例参数；

（2）各专业设备的模型应能够清晰表达其外形轮廓，如有动画效果需看内部结构的设备，则需要创建内部结构模型；

（3）空调、风机、水泵等命名时要准确标注设备的型号；

（4）设备建模中每一个模型物体坐标必须居中，每个组的坐标必须居中；

（5）在设备与管线之间，建立必要的逻辑连接。

2. 管网管线建模要求

建筑设备系统管线众多，包括给排水管道、消防水管道、污水管、雨水管、空调系统管、暖通风管、新风管、回风管等，创建这些管线模型时通常应遵循以下要求：

（1）为了区分显示，建议模型中各种类型的管道要有不同颜色作为区分，各类管道要单独成组（包括管道、管件、阀门等），涉及水流、电流方向等情况的要标出方向便于后期处理。

（2）设备管线模型应区分类型、系统，并应与施工图一致。设备管线 BIM 模型应区分材质、连接方式，管线要求完整、连接正确，选择合理的连接管件（包括弯头、三通、四通、变径头、检查口、管帽、法兰等）。

（3）管道上应有的仪表包括压力表、温度计、水表等，与管道不能重叠、碰撞。

（4）有坡度的管道应正确设置坡度。

（5）有保温层的管道应正确设置保温层。

1.3.3　案例应用

本书将按照常规的建模流程，通过案例项目模型的创建过程来讲解 Revit 的使用方法，具体应用软件为 Revit2018。为方便教学，也为了便于初学者学习软件的操作，本书选择了一个相对简单的工程项目，如图 1-3 所示，围绕某实训楼项目具体介绍模型（图 1-4）的创建及应用方法。建议在开始学习建模前，先通过图纸理解项目设计意图，以便更好地掌握建模的流程和方法。

作为补充，在本书的最后提供一个相对复杂的真实项目案例，让大家更全面地认识 BIM 技术的应用价值，进一步提高个人的实践应用水平。

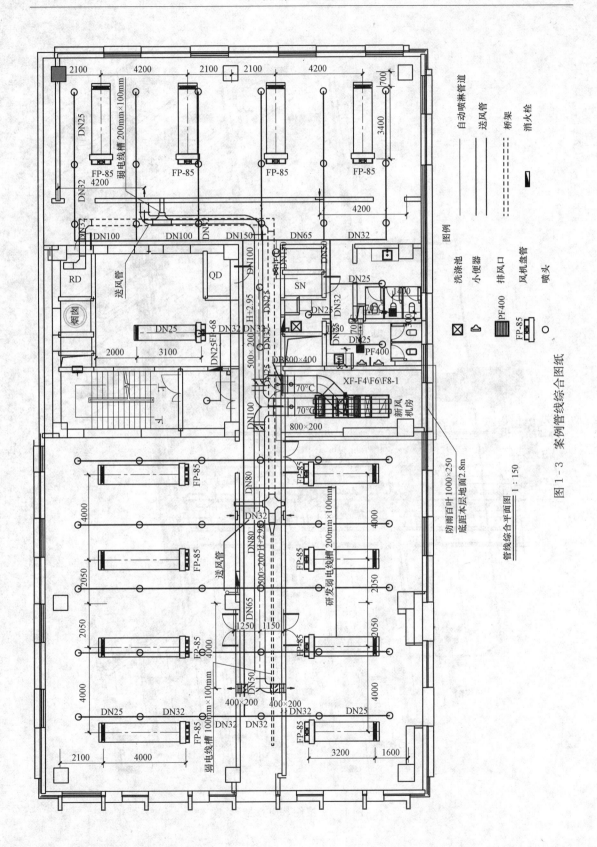

管线综合平面图 1:150

图 1-3 案例管线综合图纸

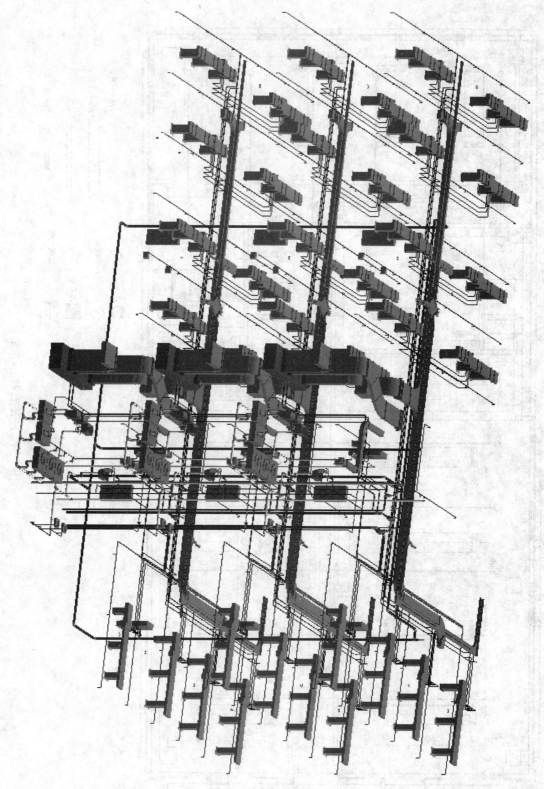

图 1-4　案例 BIM 模型

总　结

　　BIM 技术的应用改变了建筑行业传统的工作方式，基于相关的软件有效推进了建筑信息化。深入理解工程全生命周期服务的价值，掌握 Revit 软件的使用方法是 BIM 技术应用的基础。

第 2 章　Revit 基本操作

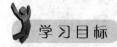
学习目标

知识目标

熟悉软件的操作界面与常用命令；

熟悉项目的构成要素及相互关系；

理解实例参数和类型参数的含义；

熟悉视图的基本属性；

理解视图样板的含义。

能力目标

准确使用 Revit 的基本命令；

准确而快速地选择对象；

创建和编辑实例；

合理选择视图并对视图进行有效控制；

创建剖面、三维视图；

应用项目浏览器进行基本的操作。

素养目标

养成严谨的工作作风；

培养自主学习的习惯。

工作任务

围绕 Revit 软件的基本操作，本章的工作任务如图 2 - 1 所示。

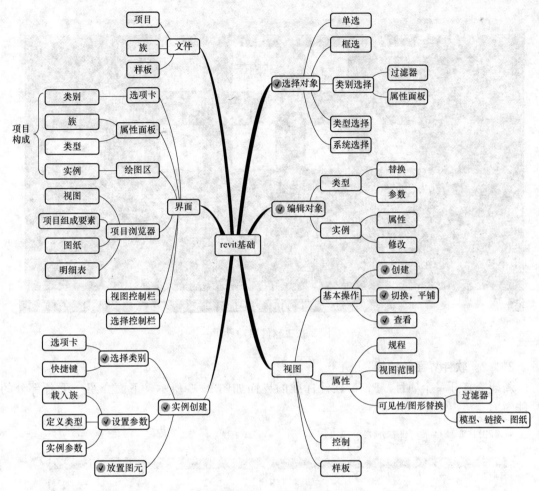

图 2-1　Revit 基础

2.1　软 件 操 作 界 面

2.1.1　打开项目

启动 Revit2018 软件，进入启动界面中，如图 2-2 所示，在第一行和第二行分别按时间顺序依次列出最近使用的四个项目文件和四个族文件缩略图和名称，使用鼠标可单击缩略图将打开对应的项目或族文件。

【提示】如果最近打开的项目文件或族文件被删除，重命名或移动位置，则文件缩略图从该界面删除。

【操作 2.1】打开项目或族文件

方法一：单击启动界面中的项目文件或族文件图标。

方法二：单击菜单"文件→打开"，打开对话框，选择文件，单击"打开"。

方法三：单击启动界面左侧的"打开…"。

打开项目或族文件

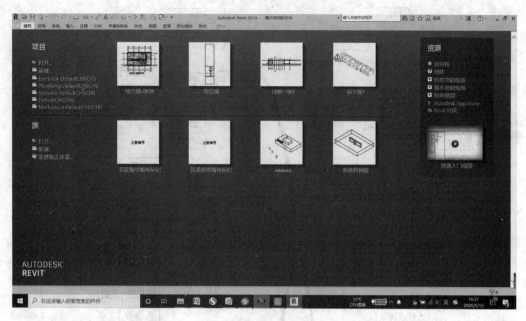

图 2-2　软件启动界面

2.1.2　软件界面及功能

新建或打开一个项目，Revit 软件标准的界面如图 2-3 所示，下面介绍一下各部分的功能。

图 2-3　Revit 软件界面

1. 文件菜单

在软件功能区的"文件"选项卡，单击可以打开"文件"下拉菜单，用于对文件操作进行访问，例如新建、打开、保存等，还可以使用更高级的工具来管理文件，比如"导出""发布"。

2. 快速访问工具栏

如图 2-4 所示，快速访问工具栏包含了常用的一些基本命令，比如打开文件、保存文件、返回、标注、三维视图、剖切面等，单击按钮执行相应的命令。

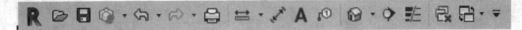

图 2-4　快速访问工具栏

系统允许用户自定义快速访问工具栏。

【操作 2.2】自定义快速访问工具栏

①单击快速访问工具栏右侧 ，单击下拉菜单"自定义快速访问工具栏"；

②选择一个命令，单击左侧 ⬆ ⬇ 调整位置，单击"确定"，完成自定义。

自定义快速
访问工具栏

3. 功能区

Revit 的功能区位于界面的上方，用于将不同功能命令分类成组显示。功能区由若干个不同的选项卡组成，用户可以在各选项卡中进行切换。单击某一个选项卡，下方会显示一个或多个由各种工具组成的面板。

选项卡操作与 CAD 基本相同，除了单击直接进入命令，工具面板如果有黑色三角形按钮，可以下拉展开隐藏工具；如果有斜向下箭头，可以弹出隐藏窗口，如图 2-5 所示。

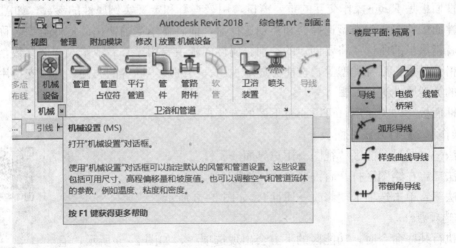

图 2-5　选项卡操作

【提示】功能区有四种显示模式，即最小化选项卡、最小化显示面板标题、最小化为面板按钮和完整功能区。用户单击选项卡后的状态切换按钮 进行切换，如图 2-6 所示。

当进入某个命令后，会自动激活上下文选项卡"修改|命令名称"，其内容包含基本的修改工具和部分类别创建的规则，前者适用于全部的命令，后者与当前执行的命令相关。当

选中实例后，上下文选项卡则会出现相应的编辑工具，如图2-7所示。

图2-6　面板按钮功能区

图2-7　选项卡状态切换与上下文选项卡

4. 属性面板

属性面板是 Revit 操作交互的重要窗口，用来查看和定义实例属性的参数，如图2-8所示。属性面板的表头为类型选择器和类别选择器，前者显示当前使用的构件类型名称及缩略图，后者指示当前所选或将要创建的类别。属性面板主要用于查看或修改实例参数，比如管道的规格、材质、系统类型等，也能够显示视图、明细表等内容的属性，同时支持用户对当前对象的类型属性进行编辑。

属性面板意外关闭后，可以通过下面的方法再次打开。

【操作2.3】打开属性面板

方法一：通过功能区"视图→用户界面→属性"。

方法二：在绘图区打开右键菜单"属性"。

方法三：单击选项卡"修改→属性"，如图2-8所示。

5. 选项栏

打开属性
面板

在执行某些命令时，功能区的下方会出现选项栏，如图2-9所示，通过选项栏可以对当前操作的基本参数进行快速设置，比如管道直径、偏移量，便于后续模型的创建。选项栏的内容会随命令的不同发生相应的变化。

6. 项目浏览器

项目浏览器用于记录当前打开项目所包含的视图、图例、明细表、图纸、族、链接等，方便用户对这些内容进行管理，如图2-10所示。用户可以在项目浏览器中对上述元素进行基本的操作，比如复制、删除、属性编辑等。当项目浏览器关闭后，可以重新打开。

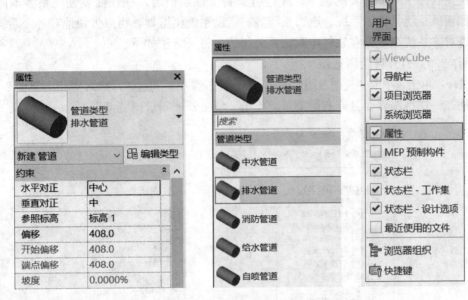

图 2-8　属性面板功能

图 2-9　选项栏

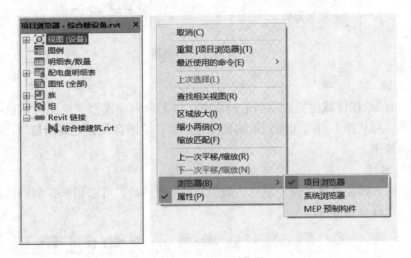

图 2-10　项目浏览器

【操作 2.4】打开项目浏览器

方法一：单击选项卡"视图→用户界面"，勾选"项目浏览器"。

方法二：在视图界面右键菜单"浏览器→项目浏览器"单击，如
图 2-10 所示。

打开项目浏览器

7. 系统浏览器

系统是软件中一个重要的概念。在进行设备工程建模时，往往需要创建很多不同的系统，比如新风系统、排水系统、电力系统等。借助系统浏览器，可以方便地对各个系统进行管理及查看。系统浏览器在软件中默认是关闭的，打开方法如下。

【操作 2.5】打开系统浏览器

方法一：单击选项卡"视图→用户界面"打开下拉菜单，勾选"系统浏览器"，见图 2-11。

方法二：在视图界面打开右键菜单，单击"浏览器→系统浏览器"。

图 2-11 系统浏览器

8. 绘图区域

Revit 窗口的绘图区域主要显示当前的视图，供用户创建模型，绘图区域也可以显示图纸、明细表等。在软件中每当切换到新的视图，都会在绘图区域创建新的窗口，而且保留已经打开的其他视图。

9. 视图控制栏

在绘图区的底部会出现视图控制栏，如图 2-12 所示，它可以用来控制当前视图的显示效果，具体功能详见 2.5.3。

图 2-12 视图控制栏

2.2 项目构成要素与文件格式

2.2.1 项目构成要素

一个 Revit 模型本质上是大量复杂数据的集合，为了能够有序地创建模型并对信息进行高效的管理，可以将一个项目分解成不同的要素，见表 2-1。

表 2-1 　　　　　　　　　　　　　　　　　**Revit 构成**

Revit 构成要素			举例				
项目	模型图元	类别	机械设备			卫浴装置	
		族	风机盘管双管式		风机盘管三管式	洗脸盆-椭圆形	污水池
		类型	1850W	2650W	1850W　2650W	535mm×485mm　635mm×510mm	610mm×455mm
	视图专用图元		尺寸标注				
	基准图元		轴网、标高、参照平面				

1. 项目

项目是单个设计信息数据库（建筑信息模型）。项目文件包含建筑的所有设计信息（从几何图形到构造数据）。这些信息包含用于设计模型的构件、项目视图和设计图纸。通过使用单个项目文件，Revit 不仅可以轻松地修改设计，还可以使修改反映在所有关联区域（平面视图、立面视图、剖面视图、明细表等）。

2. 图元

一个 Revit 项目是由若干个图元构成的，包括模型图元、视图专用图元和基准图元。模型图元，代表建筑的实际三维几何图形，如机械设备。Revit 按照类别、族和类型对模型进行分级。视图专用图元，只显示在放置这些图元的视图中，对模型图元进行描述或者归档，如尺寸标注。基准图元，用于协助定义项目范围标记和二维详图，包括轴网、标高及参照平面等。

3. 类别

软件将工程基本的组成部分按对象类别进行管理。对于建筑设备工程而言，其包含的基本的类别包括管道、管件、卫浴装置、风管等，均位于"系统"选项卡中，如图 2-13 所示。

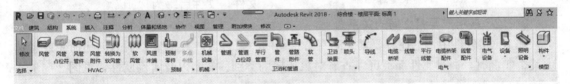

图 2-13　设备安装工程的基本类别

4. 族

族是 Revit 中一个重要概念，包括系统族、内建组、可载入族三种形式。它们的具体用途、操作要求及举例详见表 2-2。

表 2-2 　　　　　　　　　　　　　　　　　**族的分类**

族分类	用途	操作要求	举例
系统族	用于创建项目的基本图元	不允许用户创建、复制、修改或删除系统族，但可以复制和修改系统族中的类型，以便创建自定义系统族类型	各种管件、水泵、洗脸盆等

续表

族分类	用途	操作要求	举例
可载入族	用户根据项目需求自行定义	允许用户自定义任何类型、形式的可载入族	特殊的机械设备
内建组	针对当前项目使用需求而定制的构件，无重复应用的需要	不能保存为独立的外部族文件	景观中的特色花池

5. 类型

同一个族下，往往根据尺寸、材质的不同，可以分为不同的类型。对于某一个族构件，软件会提供部分类型供用户直接使用，可以通过属性面板顶部的类型选择器（下拉列表）来查看或选择类型，见图2-14。如果软件提供的类型无法满足需求，用户也可以自己创建类型。

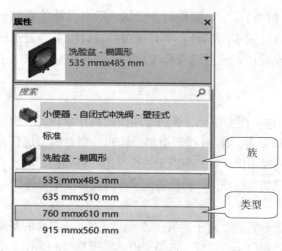

图2-14　类型选择器

6. 实例

实例即用户在绘图区创建的对象，可以说是某个类型的具体应用，使用Revit建模其实就是创建实例的过程。实例具备其所属类型的全部特征，当在绘图区选择某个实例后，属性面板会显示出该实例的属性。

7. 文件格式

应用Revit软件可以创建并独立保存的文件有以下几种：项目文件，文件后缀".rvt"；族文件，文件后缀为".rfa"；项目样板文件，文件后缀："rte"；族样板文件，文件后缀为"rft"。

2.2.2　各组成要素之间的关系

在Revit软件中，上述各要素之间有着密切的关系。当进入某个类别的创建命令或者选中某个实例时，通过属性面板可以查看对象所属的类别、类型以及实例属性，见图2-15。

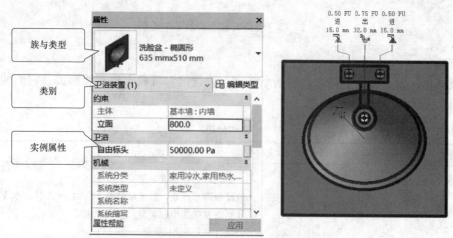

图2-15　属性面板修改实例参数

用户也可以通过系统浏览器查看这些基本要素，如图 2-16，将其中的"族"逐级展开，其中第一级为类别，第二级为族，展开的第三级为类型。

【举例 2.1】在"卫浴装置"类别中包含小便器、污水池、洗脸盆等多个族，在洗脸盆这个族中包含多个类型，不同的类型对应不同的尺寸，通过项目浏览器查看，见图 2-16。

当在绘图区将鼠标放在某个实例上时（不用单击）会出现相应的提示，内容一般包含三项文字，从前往后分别代表的是该实例所属的类别、族和类型，如图 2-17 所示。

查看项目浏览器

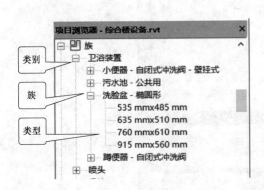

图 2-16　项目浏览器查看类别、类型、实例

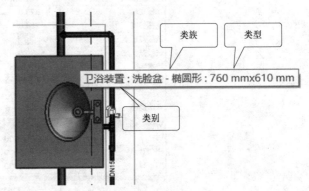

图 2-17　实例提示查看类别、类型、实例

2.2.3　参数

参数化建模是 BIM 技术的核心，通过参数化建模可以实现信息共享，便于模型在全生命周期发挥更大的价值。根据所属对象的不同，Revit 软件中参数包括类型参数和实例参数。

1. 类型参数

类型参数控制着属于该类型下的全部实例，也就是说，在创建实例之前进行设置，或者创建实例之后再修改类型参数，则使用该类型创建的实例，均会发生响应。用户也可对创建的实例直接进行类型的替换，相关的类型参数会随之改变。操作方法如下。

【操作 2.6】查看或修改类型参数

①进入创建命令或者选择某个实例；

②属性面板中选择某个族类型，单击"编辑类型"；

③打开"类型属性"对话框，查看修改类型参数，见图 2-18，其中的基本操作如下：

➤重命名：对当前的类型重新命名。

➤复制：将当前的类型复制新建一个新类型，便于用户自定义。

➤预览：查看类型的视图效果。

➤值：输入数值进行类型参数的修改。

【操作 2.7】类型替换

①选择某个实例。

②单击类型选择器旁边的箭头展开下拉列表，直接选择其中的族或类型进行替换。

2. 实例参数

在绘图区选中某个实例后，其相关属性会出现在属性面板中，此时修改相关参数，只有

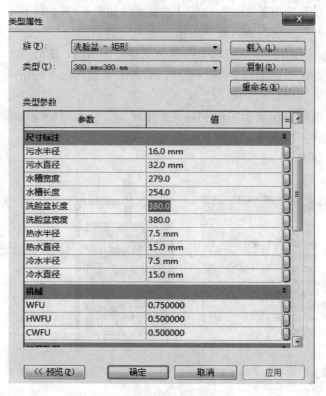

图2-18 类型参数

选中的实例会发生改变，其他的实例不会有变化。当执行某个实例的创建命令时，类型选择器下面会有"新建某类别"的提示，此时属性面板中的实例参数将会应用在后续创建的所有实例中。

【举例2.2】选择一个"洗脸盆—椭圆形535mm×485mm"实例，将实例参数"立面"由800mm改为900mm，修改类型参数，将洗脸盆长度调整为660mm，如图2-19所示。

实例参数和
类型参数

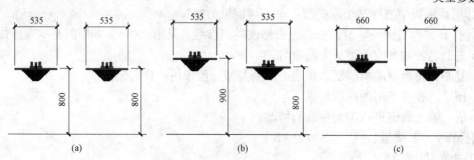

图2-19 类型参数与实例参数

(a) 新建类型创建实例；(b) 修改实例参数；(c) 修改类型参数

2.3　基　本　命　令

2.3.1　实例创建

一个工程模型项目无非就是由若干个不同的实例组成的，因此实例的创建是建模时最基本也是使用最多的操作。创建实例操作步骤如图 2-20 所示。典型的实例创建方法如下。

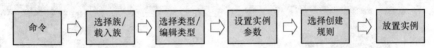

图 2-20　创建实例操作步骤

【操作 2.8】创建实例

①进入类别创建命令：在功能区的选项卡中找到构件所属的类别，单击对应的图标。或者用键盘直接输入快捷键，详见 2.3.2。

②族选择：选择合适的族，或者用户自己载入族，方法见【操作 2.9】。

③族类型编辑：选择族类型或自定义类型，设置类型参数，方法详见 2.2.3。

④实例属性编辑，方法详见 2.2.3。

⑤选择创建规则：不同类别的实例构建有不同的规则，一般在进入创建命令后可以通过上下文选项卡或属性栏设置。

⑥放置实例：在绘图区单击鼠标左键完成实例放置或者轮廓绘制。

⑦退出命令：按 Esc 键，或者单击右键菜单再单击"取消"。

设备专业中的大部分构件均可以按照这样的步骤进行创建，正确设置实例参数、类型参数及模型创建规则是实例创建的关键工作，也是后续学习的重点内容。

【提示】（1）如果创建的对象比较简单，可以在项目浏览器中直接把所属类型拖拽至绘图区，完成实例的快速创建，也可以使用搜索功能快速查找族构件，见图 2-21。

（2）创建实例一般在平面视图中进行。

快速创建实例

如果没有合适的族类别，需要用户自己载入。族的载入有以下两种方式。

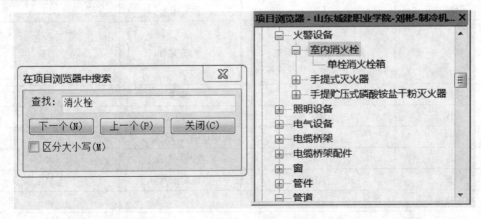

图 2-21　项目浏览器搜索族构件

【操作 2.9】载入族

方法一：新建或打开项目，单击选项卡"插入→载入族"，选择相关的族文件，单击"打开"。

方法二：新建或打开项目后，再打开族文件（.rfa 格式），在打开的族文件中，单击选项卡"常规→载入到项目中"，见图 2-22。

图 2-22　载入族

【提示】载入族的目录一般位于软件安装驱动器中 ProgramData/Autodesk/RVT 2018 / Libraries/China 文件中。

2.3.2　快捷键

使用 Revit 软件时，可以通过快捷键进入常用的命令（表 2-3），用户掌握这些快捷键可以提高建模的效率。不同于其他软件，在使用 Revit 软件时只需键入快捷键的字母，不用按空格键或回车键即可进入命令。

表 2-3　　　　　　　　　　　　　　常用命令快捷键

命令	快捷键	命令	快捷键
编辑修改工具			
删除	DE	拆分图元	SL
移动	MV 选中对象后按方向键 （同时按下 shift 可以快速移动）	修剪/延伸	TR
复制	CO	偏移	OF
旋转	RO	创建组	GP
阵列	AR	在项目中选择全部实例	SA
镜像	MM	重复上一个命令	RC
对齐	AL	匹配对象类型	MA
对象捕捉	Tab	—	—

续表

命令	快捷键	命令	快捷键
视图控制与显示			
视图可见性	VV	视图移动	按下鼠标滚轮移动鼠标
视图窗口平铺	WT	三维识图转动	Shift＋鼠标左键
显示系统浏览器	Fn8	层叠	WC
缩放全部以匹配	ZF，双击鼠标滚轮	显示属性面板	PP
视图缩放	滚动鼠标滚轮	临时隐藏/恢复	HH/HR
区域放大	ZA	—	—
模型创建			
参照平面	RP	风管附件	DA
管道	PI	风管末端	AT
管件	PF	电缆桥架	CT
管路附件	PA	导线	EW
卫浴装置	PX	电气设备	EE
风管	DT	照明设备	LF
风管管件	DF	构件	CM

2.4　图元选择与编辑

2.4.1　图元选择与捕捉

1. 对象选择

在对模型进行修改的时候，首先需要准确地选择对象，Revit 软件支持多种选择方式，灵活选择这些方式可以有效提高工作的效率。

（1）点选。点选是最常用的对象选择方式，与 CAD 操作类似。当绘图区中的图元比较密集时，为了提高点选的准确性，可以待出现提示后再进行选择，见图 2-23。软件支持连续点选，可以同时选择多个对象。

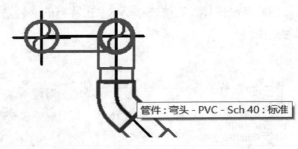

图 2-23　点选

【操作 2.10】连续点选

①增加选择对象：按下 Ctrl 键的同时（鼠标指针旁出现"＋"），在拟增选的对象上单击鼠标。

②减掉选择对象：按下 shift 键的同时（鼠标指针旁出现"－"），在目标对象上单击鼠标。

③循环选择：按下 Tab 键可以在不同的对象间切换，在目标对象上单击鼠标即可选中。

点选

（2）框选。如果想大范围的选择多个对象，可以采用框选，其操作同 CAD 一样。

【操作 2.11】框选

①接触选择：单击鼠标左键不松手，从右向左画框时，只要接触的对象即可被选中，如图 2-24（a）所示。

②包围选择：反之，从左向右画框时，只有框中包围的对象才能被选中，如图 2-24（b）所示。

框选与
过滤器选择

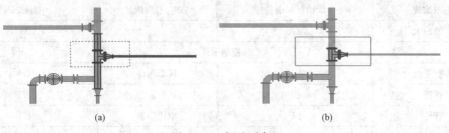

(a)　　　　　　　　　　　　　　　(b)

图 2-24　框选对象

（a）接触选择；（b）包围选择

【提示】当对象高亮显示时表示即将被选中。

（3）分类别选择。当需要选择同属于一个类别的多个图元时，比如管道，可以使用过滤器进行选择。当选择对象后希望通过属性面板对某一类别的实例进行编辑，可以直接在属性面板中根据类别进行二次选择。

【操作 2.12】过滤器选择

①选择多个图元对象→单击状态栏过滤器；

②打开"过滤器"对话框→勾选某一个或多个类别进行筛选，或者在属性面板的类别选择器的下拉类别中进行选择，见图 2-25。

（4）系统选择。系统选择是 Revit 特有的一种选择方式，可以将连接在一起的多个对象同时选中。

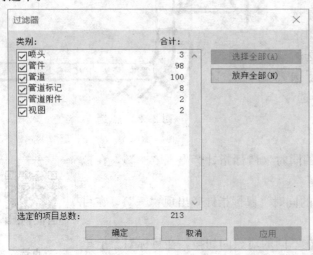

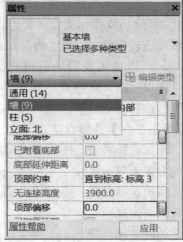

图 2-25　过滤器选择

【操作 2.13】系统选择

①将鼠标放在需要选择的管道上（不要单击），点击键盘 Tab 键，直至整个管道系统处于亮显的状态；

②点击鼠标选择，这样互相连接在一起的管道和管件都会被选中。状态栏对选中的对象会有相应的提示，见图 2-26。

系统选择

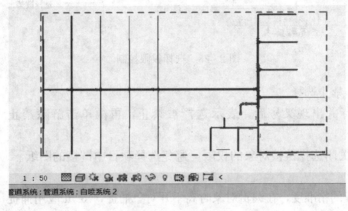

图 2-26　系统选择

（5）特性选择。需要把同一类型的图元全部选中时，比如选择视图中的所有止回阀，就可以使用特性选择。这种方法适合一次同时修改多个实例的属性，操作如下。

选择全部实例

【操作 2.14】选择全部实例

方法一：点选某个图元→鼠标右键菜单单击"选择全部实例"，见图 2-27。

方法二：点选某个图元→输入"SA"后按回车键。

图 2-27　选择全部实例

（6）选择权限控制。当项目较复杂时，绘图区中往往存在大量的图元，给用户实际选择对象时造成干扰。如图 2-28 所示，在绘图区右下方，针对视图中的链接、基线图元、锁定图元等，Revit 提供了选择的控制功能，可以通过控制选择的权限来提高操作效率，避免误操作。

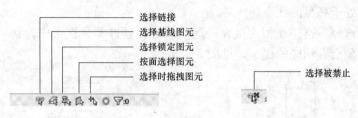

图 2 - 28　选择权限控制

【操作 2.15】禁止选择

单击上述图标并出现叉号后，表示选择被禁止，再次单击解除禁止选择。

【举例 2.3】关闭选择链接对象的权限，避免选择项目中链接的图纸。

2. 对象捕捉

为了提高建模的精准度，在编辑对象时离不开对象捕捉，Revit 应用捕捉

选择权限
控制

的方式与 CAD 类似，当鼠标拾取到对象时会有文字提示，用户可以选择捕捉的对象，具体的快捷键见表 2 - 4。

表 2 - 4　　　　　　　　　　　　　对象捕捉命令

命令	快捷键	命令	快捷键
捕捉远距离对象	SR	远点	PC
象限点	SQ	点	SX
垂足	SP	工作平面网络	SW
最近点	SN	切点	ST
中点	SM	关闭替换	SS
交点	SI	形状闭合	SZ
端点	SE	关闭捕捉	SO
中心	SC	—	—

2.4.2　图元编辑

模型的创建需要不断地优化，在建模时可以对已经创建的图元再次进行编辑，比如修改其空间位置或属性。编辑的方法有如下两种。

1. 属性面板编辑

选择某一实例后，可以直接在属性面板修改其属性，比如偏移，如前所述，详见 2.2.3。

2. 绘图区编辑

在绘图区选择已经创建的实例，在其周围会出现一些蓝色的符号，如图 2 - 29 所示，可以用这些符号来调整图元的姿态，比如翻转图元、调整方向，有时还可以修改构件的规格。

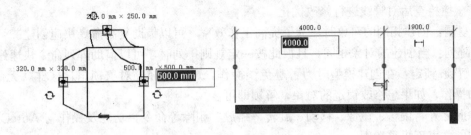

图 2 - 29 对象编辑

临时尺寸标注是相对最近的垂直构件进行创建的，并按照设置值进行递增。当选中某个实例后，可以通过修改临时尺寸来调整实例的位置，实现构件的精确定位。与此同时，还可以将临时尺寸标注会转换为永久性尺寸标注。具体操作详见 4.3.2。

2.4.3 对象修改

Revit 提供了多种对象修改工具，熟练使用修改命令，可以有效提高建模的精度及效率，提升工作效率。

【操作 2.16】对象修改

①选择对象，方法详见 2.4.1。

②命令：单击上下文选项卡"修改"中的相关图标，见图 2 - 30，软件中常用的修改命令如下：

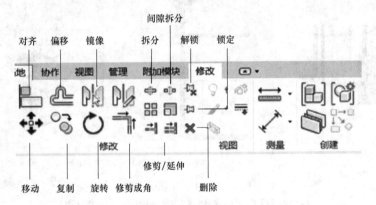

图 2 - 30 对象修改工具

➤对齐：将一个或多个图元与选定位置对齐。在设备工程中，对齐命令能为模型创建提供很大的便利，实现图元的精确定位，比如讲两段管线水平对齐。

➤修建/延伸：通过修建或延伸对象实现局部的修改，比如通过修建将支管延伸后与干管连接，功能及操作与 CAD 相似。前者修建/延伸只能修改一个对象，后者可以一次修改多个对象。

➤修建/延伸为角：与"修建/延伸"命令相似，区别在于这个命令会将两个对象都进行修改并连接在一起。这个命令在修改管道时非常方便，即使偏移值不同的两个管道也能通过"修建/延伸为角"实现自动连接。

➤拆分、间隙拆分：通过该命令可以将图元分割为两个独立的部分。应用前者拆分的两个部分之间没有间隙，而采用后者时会有一定间隙。设备专业建模时通常应用前者，经常用于管道碰撞检查后对管线进行修改优化。

➤复制：创建相同的对象时，为了提高工作效率，可以借助复制命令快速创建。

➤阵列：当创建的对象相同，且彼此按一定规则排列时，可以借助阵列命令快速建模。

➤解锁/锁定：在创建模型时为了避免误操作，可以将部分对象锁定，这样就无法进行任何的操作，如果想修改锁定的对象，解锁即可。

除此之外，偏移、镜像、移动、旋转、缩放、删除等命令，功能及操作与 AutoCAD 软件相似，本书不再赘述。

【提示】在进行对象的修改时，为了进行精确操作，视图样式可以选择"线框"（详见2.5.3），以便捕捉定位。

2.5　视　　图

2.5.1　视图类型

视图是 Revit 中创建模型的基础，有了视图才能创建模型，通过不同的视图，可以获得模型不同的表现形式。模型修改时，其对应的所有视图都会同步更新。Revit 视图类型如图2-31所示。Revit 视图具体分类如下：

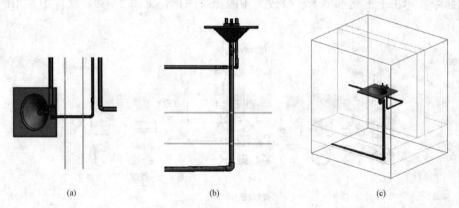

图2-31　Revit 视图类型

(a) 平面视图；(b) 剖面（立面）视图；(c) 三维视图

➤平面视图：是自上而下俯视的效果。软件一般默认为每个楼层自动创建一个平面视图。用户也可以自己创建平面视图，方法见【操作3.16】。

➤天花板视图：是平面视图的一种，用于展示天花板向上的空间范围，一般用于电气工程模型的创建。

➤立面视图：新建一个项目后，软件默认在东、南、西、北各个方向分别创建立面视图。用户也可以自己创建立面视图。

➤剖面视图：用于查看局部的立面视图效果。剖面视图在建筑设备专业建模时非常有用，尤其是创建竖向管道时，能够帮助我们提高工作效率。剖面视图需要用户自行创建。

➤三维视图：用于全方位展示模型的立体效果，用户可以随时打开三维视图查看模型全貌，也可以查看局部的三维效果。

2.5.2　视图基本操作

用户可以通过项目浏览器的"视图"查看项目所有的视图，包括软件为项目自动创建的以及用户自行创建的视图。当打开了多个视图时，可以对视图进行快速切换或者关闭。有时为了绘图的方便，可以将不同的视图同时打开，相关操作方法如下。

【操作 2.17】视图基本操作

①打开视图：项目浏览器中双击某个视图。单击快速访问工具栏 可以直接打开三维视图，选中对象后单击上下文选项卡 可以打开局部三维视图，打开三维视图后，在绘图区拖拽剖面框可以调整视图范围，在属性面板中勾选/取消勾选"剖面框"可以进行二者的切换，如图 2-32。

打开视图

②切换视图：单击快速访问工具栏 打开菜单→选择一个需要显示的视图，如图 2-34。

③关闭视图：单击视图窗口右上角的"×"，关闭当前视图；单击快速访问工具栏 ，关闭所有隐藏的视图。

平铺、关闭与
切换视图

④平铺视图：单击选项卡"视图→窗口→平铺"，见图 2-32。

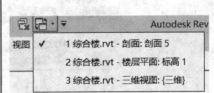

图 2-32　视图切换及平铺显示

与其他视图不同，在 Revit 中，剖面视图需要根据需求，由用户自行创建。

【操作 2.18】创建剖面视图

①命令：快速访问工具栏单击 。

②绘制视图标记：在绘图区单击鼠标确定视图标记的起点，移动鼠标再次单击确定标记的终点。

③调整视图范围：通过拖拽或单击剖面视图标记旁边的符号，可以调整剖面视图的方向、范围等。

创建剖面
视图

④打开剖面视图：选择创建的剖面视图标记，单击右键菜单"转到视

图"，见图 2-33。

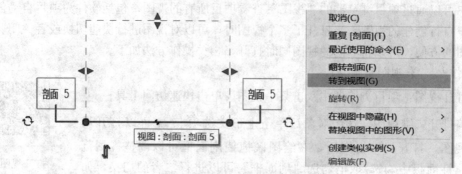

图 2-33　剖面视图基础操作

在建模过程中可以通过鼠标、ViewCube 对视图进行平移、缩放等基本操作，见图 2-34。要想更加灵活地进行视图缩放控制，可以采用导航栏。

【操作 2.19】查看视图

①视图进行缩放：滚动鼠标中键。

②视图的平移：按住鼠标中键并拖动。

③三维视图旋转：shift＋鼠标右键或中键，如果选中某个图元后采用同样的操作，能够以该对象为中心旋转三维视图。

④使用导航栏，见二维码视频。

查看视图

 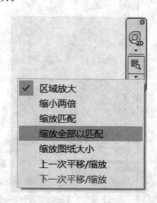 

图 2-34　导航栏

2.5.3　显示效果控制

Revit 为用户提供了全面的视图控制功能，用于对模型进行全方位展示。主要通过底部的视图控制栏进行设置，具体控制选项如下。

1. 视图比例

视图比例用于控制模型尺寸与当前视图显示之间的关系，无论视图比例如何调整，均不会修改模型的实际尺寸，仅会影响当前视图中添加的文字尺寸标注等注释信息的相对大小，如图 2-35 所示。视图比例从 1：1 到 1：5000，不支持用户自定义。

2. 详细程度

详细程度分为粗略、中等、精细三种。具体到设备工程，详细程度设置为粗略或中等时，管道以单线显示；设置为精细时，管道以双线显示，如图 2-36 所示。

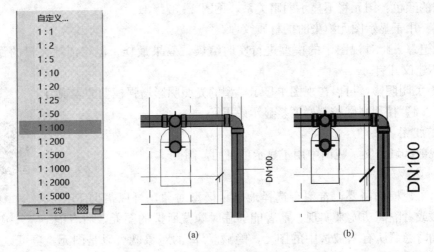

图 2-35 视图比例效果对比

（a）视图比例 1∶25；（b）视图比例 1∶50

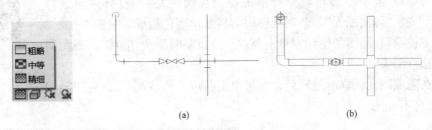

图 2-36 不同详细程度的显示效果

（a）粗略、中等；（b）精细

3. 视觉样式

视觉样式用于控制模型在视图中的显示方式，视觉样式菜单包括多种类型，能够呈现不同的显示效果，如图 2-37 所示。

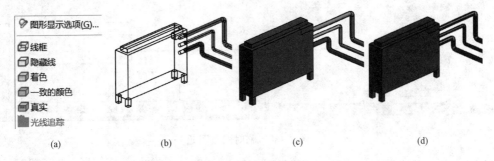

图 2-37 视觉样式

（a）视觉样式；（b）线框；（c）着色；（d）一致的颜色

➤线框：显示物体的边框和中轴线，见图 2-37（b），适合在编辑对象时使用。

➤隐藏线：只显示物体的边框，图元将做遮挡计算，但并不显示图元的材质颜色。

➤着色：将根据光线设置显示图元明暗关系，突出着色材质，见图 2-37（c）。

➤一致的颜色：图元将不显示明暗关系，见图2-37（d）。

➤真实：用于显示图元渲染时的材质纹理。

➤光线追踪：将对视图中的模型进行实时渲染，效果最佳，但将消耗大量的计算机资源，一般不建议开启。

➤打开/关闭阴影：可以在视图中显示模型的光照阴影增强模型的表现力。

【举例2.4】使用视图控制栏调整显示效果。

4. 裁剪视图

视图裁剪区域定义了视图中用于显示项目的范围。

5. 临时隐藏/隔离

视图控制栏应用

有时为了建模的需要，希望有选择地显示模型对象，可以借助 Revit 软件的隐藏或者隔离功能来实现，前者能够临时隐藏所选的图元，后者能在视图中临时隐藏所有未被选中的图元，隐藏/隔离的对象既可以是图元，也可以是类别，以图元为例，操作方法如下。

【操作2.20】隐藏/隔离图元

①临时隐藏/隔离：选择对象→单击视图控制栏 ，打开菜单选择"隐藏图元"或"隔离图元"，此时视图周边将显示蓝色边框，见图2-38。

隐藏、隔离图元与显示恢复

②恢复被隐藏/隔离的图元：单击菜单"重设临时隐藏/隔离"，视图周边的蓝色边框消失。

③永久隐藏图元：临时隐藏后，如果单击菜单"将隐藏/隔离应用到视图"，图元将不可见。

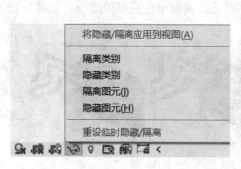

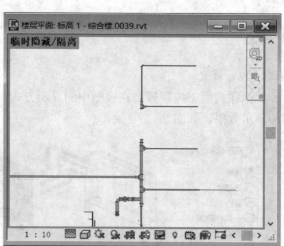

图2-38　临时隐藏图元

【操作2.21】查看项目中隐藏的图元

①单击视图控制栏中"显示隐藏的图元"命令，软件将会显示彩色边框，所有被隐藏的图元均会显示为亮红色，见图2-39。

②选择隐藏的图元后，右键菜单执行"取消在视图中隐藏"即可恢复正常显示，见图2-39。

隐藏、隔离图元与显示恢复

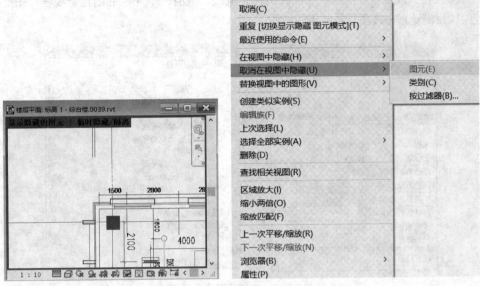

图 2-39 隐藏图元恢复显示

【提示】软件中各视图均采用独立的窗口显示，因此在任何视图中进行视图控制栏的设置均不会影响其他视图的设置。

2.5.4 视图属性

1. 规程

为了实现各专业协同，建模时往往将多个专业模型创建在一个文件中，不同的专业在 Revit 中对应着不同的规程，包括建筑、结构、机械、电气、卫浴、协调六种，在视图中选择其中一个规程，即可将某一个专业突出显示，并有针对性地组织视图。

【提示】当项目中包含建筑与设备模型时，为了突出显示设备专业的模型，可以选择"机械"或者"卫浴"，这时建筑模型将呈灰色显示（图 2-40），且属于建筑类别的实例无法被选择编辑，比如门窗等。如果希望对建筑和设备专业的类别进行全面显示，则可以选择"协调"规程。

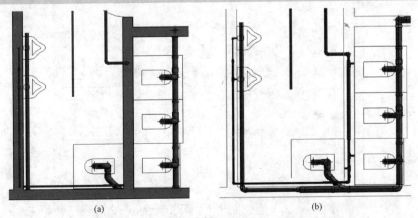

       (a)   (b)

图 2-40 规程对显示效果的影响

(a) 协调规程；(b) 机械规程

软件不支持修改规程，但用户可以在机械、电气、卫浴三个规程下创建子规程（图 2 - 41），便于控制项目浏览器中视图目录的组织结构。

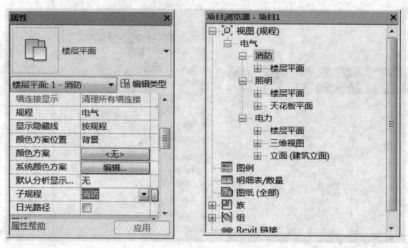

图 2 - 41　视图的子规程设置

【举例 2.5】当选择"电气"项目样板创建项目文件时，"电气"规程默认有"照明"和"电力"两个子规程，这时在"照明"子规程中会出现一个"天花板平面"视图，如图 2 - 41 所示。用户还可以添加"消防"等子规程。

定义视图
子规程

【拓展 2.1】在某个规程中创建"图纸视图"子规程。模型创建完成后，为了便于后续创建图纸，各专业视图可以选择"图纸视图"子规程。

2. 视图范围

在平面视图中，显示的为站在剖切面的位置俯视的效果。为了使创建的模型获得理想的可见性，需要设置合理的视图范围。

【操作 2.22】视图范围设置

进入某个平面视图，在属性面板的"视图范围"中设置偏移数值，如图 2 - 42 所示。要保证各项偏移的数值满足顶部＞剖切面＞底部≥视图深度标高。

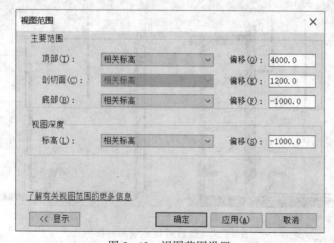

图 2 - 42　视图范围设置

【举例 2.6】平面视图显示异层排水管道。由于异层排水管道位于楼板下面，为了能够显示排水管道，可以在视图范围中将视图深度及底部偏移设置为−1000。

设置视图范围

3. 视图可见性/图形替代

有时项目模型包含的对象众多，为了准确控制显示效果，可以通过视图的"可见性/图形替换"进行设置，对不同的对象分别管理，如图 2-43 所示，具体内容如下：

➢模型类别：对各种类别的构件的可见性进行设置，便于用户有选择地对模型进行查看，如果不修改，视图会依据对象样式进行显示。

➢注释类别：对各种注释记号的可见性进行设置。

➢导入类别：对当前项目导入底图的可见性进行设置。"Revit 链接"主要用于控制链接项目模型的可见性。

➢过滤器：通过设置过滤条件，有选择控制某些对象的显示效果。过滤器拥有最高的控制权限，是 Revit 软件中用于控制视图的重要工具。

➢对象样式：在模型中规定了所有构件对象的表达形式，包括三维构件所对应的投影线宽线形、颜色、线型图案和材质。对象样式是软件中最底层的设置，对显示的控制权限最低使用范围最广，在对象样式中设置好的线型、线宽可以应用到整个项目。

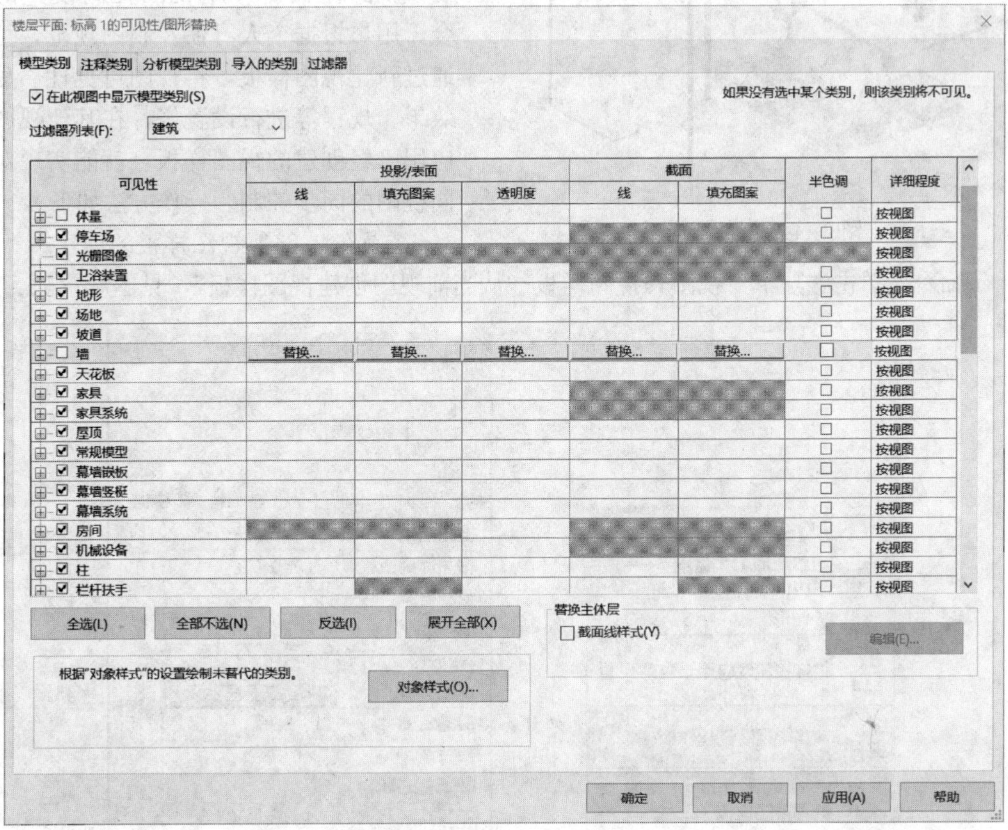

图 2-43　模型类别可见性设置

【操作 2.23】隐藏视图中的类别对象

①进入"可见性/图形替换"：进入单击属性面板"可见性/图形替换"旁的"编辑"，或者使用快捷键"vv"。

②隐藏对象：打开"可见性/图形替换"对话框，去掉需要隐藏对象前面的勾选，见图 2-43。

视图可见性控制

【举例 2.7】打开视图的"可见性/图形替换"，进入"模型类别"，在显示设备模型时，可以将墙、楼板、天花板等类别隐藏；进入"注释类别"，隐藏管道标记、轴网。进入"导入的类别"隐藏 CAD 底图。

【举例 2.8】借助过滤器，在视图中仅显示系统中的给排水、中水和通风管道，如图 2-44 所示。

过滤器控制视图

2.5.5　视图样板

需要注意，上述介绍的关于视图的相关控制，仅对当前视图生效，对其他视图是无效的。如果用户切换到其他视图，也想获得同样的视图效果，那就需要用到视图样板。

视图样板是一个视图控制设置的集合，用户根据个人习惯及制图规范，可以通过新建视图样板，将视图可见性、显示效果、规程等进行设置好。在其他视图中应用已经创建的视图样板，就能实现对不同视图的同步控制。操作方法如下。

【操作 2.24】视图样板的创建

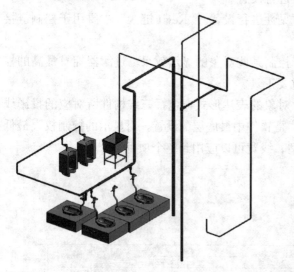

图 2-44　过滤器应用

①命令：单击选项卡"视图→视图样板→从当前视图创建视图样板"，见图 2-45。

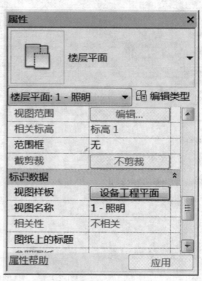

图 2-45　视图样板创建与应用

②视图样板命名。

③视图样板应用：切换到其他某一个视图，在属性面板单击"视图样板"→打开"视图样板"对话框，选择已经创建的视图样板，见图2-46。

④视图样板编辑：对选择的视图样板的属性进行编辑。最后单击"确定"。

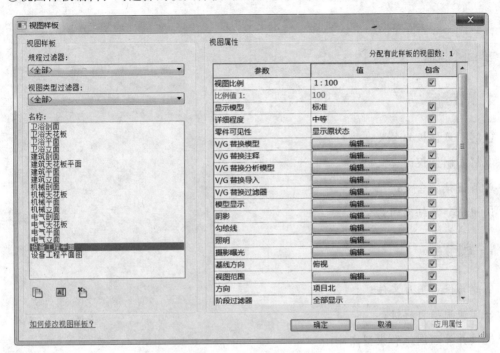

图2-46　视图样板编辑

【提示】一旦使用了某个视图样板，底部视图控制栏将无法使用。如果需要修改某项显示效果，可以对指定的视图样板的视图属性进行编辑。

视图样板
创建与应用

【拓展2.2】设备专业视图样板创建与应用。创建"设备工程平面图"视图样板，添加各类管线过滤器（详见后文），视图范围设置为"顶部偏移及剖切4000、底部偏移−1000"、详细程度选择"精细"，视图比例选择"1∶50"，规程选择"协调"，视图样板命名为"设备工程视图样板"。

总　结

在 Revit 中，熟悉并理解项目的构成要素及其相互关系是进行软件操作的基础。熟悉了软件的界面后，合理选择及创建视图是模型创建的前提。创建实例是建模的主要工作，其关键在于参数的选择，对象编辑也是如此。编辑时灵活进行对象选择，能够有效提高模型修改的效率。

第3章　项目创建与准备

学习目标

知识目标

理解项目样板的含义；

理解复制监视的含义；

理解链接的含义；

认识标高及轴网的意义。

能力目标

创建与保存项目文件；

合理使用项目样板；

链接并管理图纸和模型文件；

复制监视标高和轴网；

创建标高和轴网；

创建楼层平面视图。

素养目标

养成严谨的工作作风；

培养自主学习的习惯。

工作任务

使用 Revit 进行项目创建与准备的步骤及内容如图 3-1 所示。

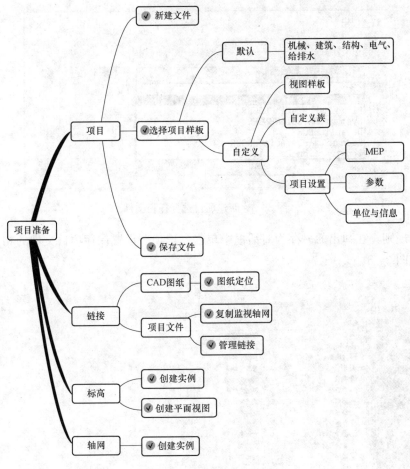

图 3-1 项目准备流程

3.1 项 目 创 建

3.1.1 项目创建与保存

应用 Revit 创建模型的信息数据都储存在项目文件中，项目文件是建模的主要成果之一，文件创建及保存的方法如下。

【操作 3.1】新建项目文件

①新建项目：

方法一：单击选择启动界面中左侧的项目样板快捷方式。

方法二：单击菜单"文件→新建"，打开对话框，选择样板文件，单击"确定"。

方法三：单击启动界面左侧的"新建…"，后续操作同方法二。

②选择项目样板：在"新建项目"对话框中通过"样板文件"下拉列表或者单击"浏览"选择项目样板，见图 3-2。项目样板的含义及选择详见 3.1.2。

【操作 3.2】保存一个项目文件

①命令：单击"应用程序菜单→另存为→项目"命令。

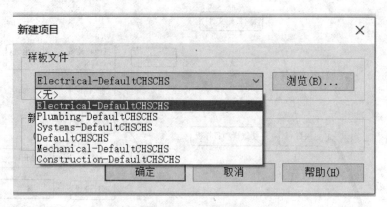

图3-2 新建项目选择样板文件

②保存规则：在弹出的另存为对话框中单击"选项"设置保存项目文件的相关选项，完成保存，见图3-3。

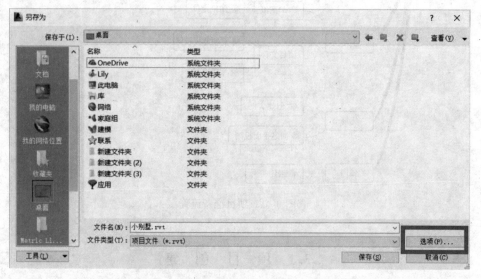

图3-3 项目保存

3.1.2 项目样板

1. 标准项目样板

项目样板是一个系统性文件，每当进入一个新项目，项目样板就为项目设计提供初始状态，项目整个设计过程也将在项目样板提供的平台上进行。如图 3 - 4 所示，项目样板基于软件基本元素（如单位填充样式，线样式、线宽、视图比例）等构成，由项目设置、视图样板、浏览组织、预制族功能集合组成。

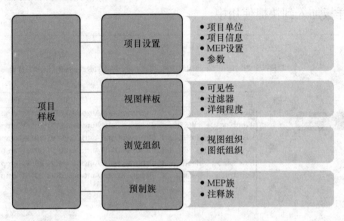

图 3 - 4 项目样板组成

Revit 新建项目时，需要为项目配置一个项目样板，软件提供的标准样板包括建筑样板、结构样板、电气样板、机械样板、给排水样板、系统默认样板，用户一般可以根据模型专业类别选择对应的样板。设备专业相关的项目样板见表 3 - 1。

表 3 - 1　　　　　　　　　　　　项目样板

专业	样板名称	视图	系统族
机械	Mechanical - DefaultCHSCHS	规程/子规程（卫浴、机械/HAVC）	风管管件、风阀、阀门、风机盘管、空调机组、散热器、消火栓
给排水	Plumbing - DefaultCHSCHS	规程（卫浴）	管件、泵、消火栓、水箱、阀门、卫浴装置
电气	Electrical - DefaultCHSCHS	规程/子规程（电气/照明、电力）	电气设备、照明设备、桥架
系统	Systems - DefaultCHSCHS	规程（卫浴、机械、电气）	管件、风管管件、风阀、泵、消火栓、空调机组、散热器、阀门、卫浴装置、电气设备、照明设备、桥架

【举例 3.1】新建"实训楼建筑工程"项目文件，选择建筑样板；新建"实训楼给排水工程"及"实训楼消防工程"项目文件，选择给排水项目样板 Plumbing - DefaultCHSCHS；新建"实训楼通风空调工程"项目文件，选择机械项目样板 Mechanical - DefaultCHSCHS；新建"实训楼电气工程"项目文件，选择电气项目样板 Electrical - DefaultCHSCHS；新建"实训楼设备工程"项目文件，选择系统项目样板 Systems - DefaultCHSCHS。

新建项目

项目样板默认放置 C：\ ProgramData \ Autodesk \ RVT 2018 \ Templates \ China \ China 文件夹内，启动界面的快捷方式启动界面只能显示 5 个项目样板，用户可以自定义快捷使用的样板。

【操作 3.3】样板文件快捷设置

①单击主菜单"文件→选项→文件位置"，如图 3-5；

②选择某一个样板，单击➕添加，单击⬆-将其在列表中的位置向上移动，软件默认将列表中的前 5 个样板加入到快捷使用中。

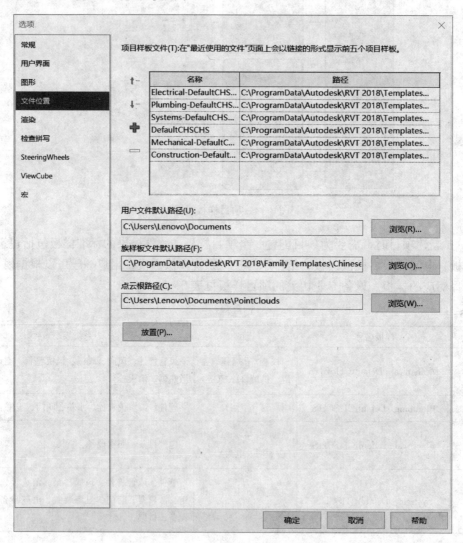

图 3-5 样板文件快捷设置

2. 自定义项目样板

实际建模时上述样板可能无法满足用户设计的需求，有必要定制适合自己的项目样板文件。理想的项目样板需要通过日积月累不断进行完善。项目样板一旦创建，可以在多个项目中应用，为设计提供便利，减少重复劳动，提高设计师的效率。项目样板的创建与应用方法如下。

【操作3.4】项目样板文件创建与保存

①样板文件的创建：

方法一：新建一个样本文件或打开软件中提供的样板文件，在此文件内根据需要修改设置，保存为样板文件。

方法二：利用之前已完成的类似项目模型文件，删除文件中的所有模型对象，修改删除补充模型中的相关设置，然后将其保存为样板文件。

②样板文件保存：单击"文件"菜单，选择"另存为→项目样板"→打开对话框，输入文件名称，单击"确定"，见图3-6。

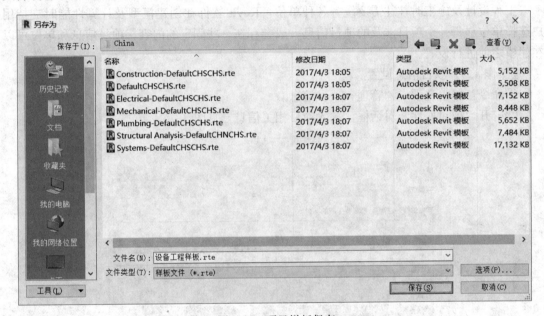

图3-6　项目样板保存

【举例3.2】待后续"实训楼设备工程"模型全部创建完成后，利用项目文件创建"建设备工程样板"，可以按表3-2内容进行设置，或者在视图中直接使用已经创建的"设备工程平面图"视图样板（见【拓展2.2】）。

表3-2　　　　　　　　　　　　　　　　设备工程项目典型样板

要素	内容	举例
基础设置	MEP设置	坡度采用0.03%
	线型方案	照明线路
构件类型	根据管材定义各种管道类型	镀锌钢管
	根据用途定义各种管道系统	中水系统、给水系统、污水系统、废水系统
	根据用途定义各种风管系统	机械送风、机械排风
	根据用途定义各种桥架	强电桥架、弱电桥架
构件族	创建特殊的管道附件及设备族	风机盘管、空调机组
	创建特殊的管件实现布管系统配置	卡箍连接
	注释族	设备编号

续表

要素	内容	举例
视图	视图范围满足异层排水的视图要求	底部偏移设置为−1000
	根据管道系统类型设置对应的过滤器	创建中水系统、给水系统、污水系统、废水系统、新风系统、强电桥架、弱电桥架过滤器等

3.1.3　项目设置

1. 项目单位与项目信息

工程设计及施工时往往需要统一各种单位，Revit 软件在创建模型及计算性能时支持用户选择单位。每一个项目涉及的项目信息一般会存在一些固定的内容。项目信息和单位可以在建模之前进行设置。

【操作 3.5】项目信息设置

①命令：单击选项卡"管理→项目信息"；

②打开"项目属性"对话框，输入项目相关信息，见图 3-7。

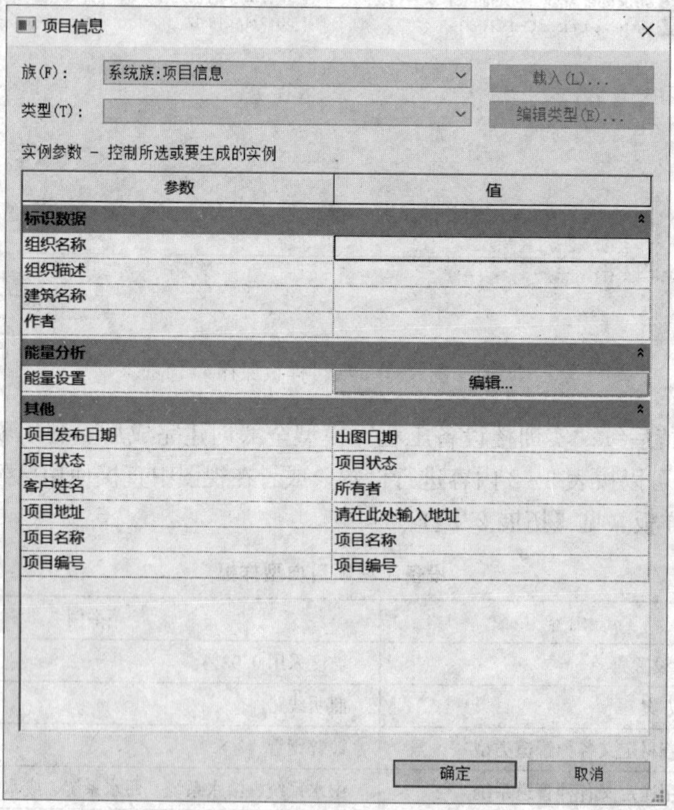

图 3-7　项目信息设置

【操作 3.6】设置项目单位

①命令：单击选项卡"管理→项目单位"工具。

②打开"项目单位"设置对话框，选择规程，分别完成不同专业单位的设置，比如长度、面积、体积、流量等，见图 3-8。

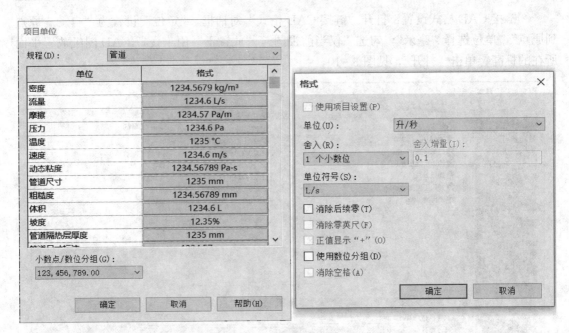

图 3-8　单位设置

2. 机械设置

建筑设备涵盖多个专业，涉及一些基础参数，如风管形状、尺寸、角度、水管管径、材质、流体计算参数、导线材质及规格、电气负荷、电压等，类似这样的参数在国内往往都采用统一的标准，合理设置这些参数，可以大大减少后期建模的工作量，提高设计效率。在 Revit 中有必要对 MEP 的相关参数进行预先设置，方法详见第 2 篇。

3.2　项目准备

项目文件创建后，在进行模型创建之前，先要做一些准备工作，包括链接建筑及结构专业 RVT 文件、复制标高轴线、链接设备专业 CAD 图纸。

3.2.1　导入图纸

利用 Revit 软件进行三维建模通常是以二维平面模型为基础，在建模前一般需要将 CAD 平面设计图加载到项目中。为了方便链接文件，图纸需要每层用一个独立文件存储。

【操作 3.7】链接 CAD 文件

①命令：进入楼层平面视图，单击选项卡"插入→链接 CAD"，见图 3-9。

图 3-9　链接 CAD 图纸

②链接 CAD 格式设置：打开"链接 CAD 格式"对话框，"定位"设置为"自动－原点到原点"，单位选择"毫米"，勾选"仅当前视图"，"放置于"用于设置 CAD 图纸放置平面所在的标高，单击"打开"，见图 3‑10。

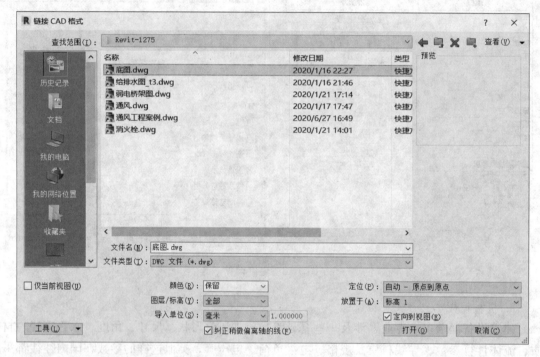

图 3‑10　链接 CAD 图纸设置

③锁定图纸：在绘图区选中载入的图纸，单击上下文选项卡 🏳 锁定（单击上下文选项卡 🏳 可以解锁），以防止误操作。同时可以通过选择权限控制，禁止选择链接（见【操作2.15】），便于快速选择图元。

【提示】为了确保 CAD 图纸的链接效果，可以先在 Autodesk 软件中对载入的图纸进行适当的处理，确保 CAD 图纸中的坐标原点与 Revit 项目文件中的原点对应，同时删除图纸中无关紧要的信息。

【举例 3.3】在"实训楼建筑工程"项目文件中链接插入建筑工程平面图，见图 3‑11。在"实训楼给排水工程"项目文件中链接插入给排水工程平面图。

通过链接插入的 CAD 图纸，在 Revit 中只是控制其显示效果，要修改图纸的内容需要在 CAD 软件中进行，当图纸内容发生改变后，可以在 Revit 随时进行更新。方法如下。

链接 CAD 图纸

【操作 3.8】更新链接的 CAD 图纸

①命令：单击选项卡"管理→管理链接"；

②打开"管理链接"对话框进入"CAD 格式"选项卡，选择插入的图纸，单击"重新加载"即可，也可以进行图纸的删除、添加等操作，见图 3‑12。

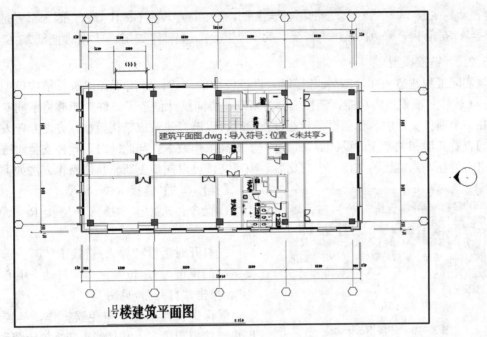

图 3-11　链接 CAD 图纸

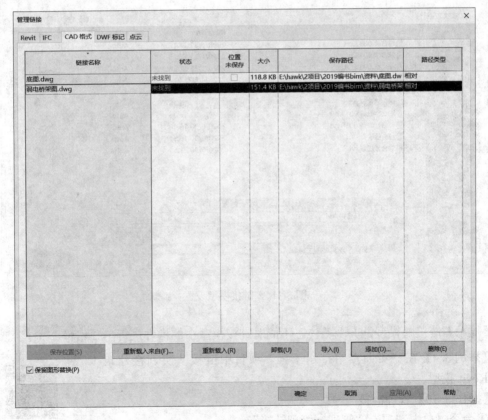

图 3-12　CAD 图纸重新加载

【提示】在 Revit 插入 CAD 图纸一般推荐采用链接的方式而不采用导入，因为后者是把图元整合在 Revit 内，修改图纸内容需要在 Revit 内操作，显然不如用 CAD 修改图纸方便。

3.2.2 链接模型

像实际工程建造一样，Revit 建模时，设备模型的创建同样离不开建筑及结构模型，作为 Revit 软件一项重要的功能，链接模型为多专业协同设计创造了条件，能够将不同专业模型放在一个项目文件中，比如设备专业在建模时可以链接建筑或结构模型，方便专业人员快速访问查看其他相关专业的设计成果，进一步提高工作效率。与此同时，软件支持对链接的模型进行管理，当链接的文件发生变化后，项目文件可以同步更新。具体操作方法如下。

图 3-13 链接 Revit 命令

【操作 3.9】链接 Revit 模型

①命令：选项卡"插入→链接 Revit"，见图 3-13。

②打开对话框"导入/链接 RVT"：选择需要链接的模型，"定位"选择"自动—中心到中心"，单击"打开"，见图 3-14。

③保护链接：为了避免误操作，链接后可以将链接模型锁定，并且禁止选择锁定图元。

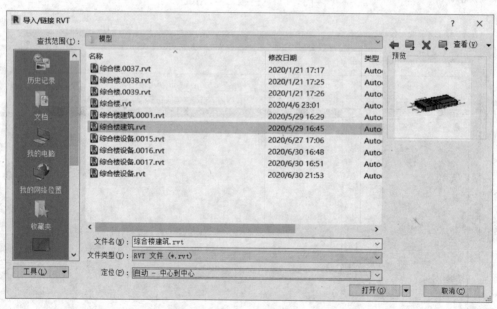

图 3-14 链接模型设置

【提示】链接的模型是一个整体，不能对链接模型中的构件进行单独编辑。

【举例 3.4】在"实训楼给排水工程"项目中链接"实训楼建筑工程"Revit 模型。

【操作 3.10】管理链接

①命令：单击选项卡"管理→管理链接"。

②打开"管理链接"对话框（图 3-15），对链接的模型进行管理，

链接模型文件

具体内容如下。

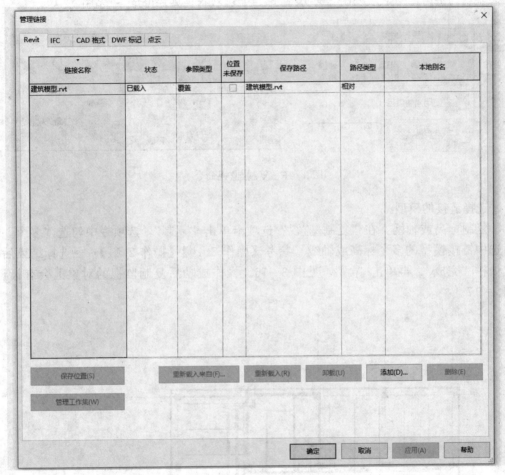

图 3 - 15　管理链接操作

➤参照类型：如果链接的模型中又链接了子模型，当载入链接文件后，子模型有覆盖与附着两种显示方式，选择"覆盖"时不显示子模型，选择"附着"时显示子模型。

➤卸载：可以通过"重新载入"恢复链接。

➤重新载入：重新加载卸载的链接。

➤删除：只能重新链接。

【提示】链接的模型文件要保持与项目的相对目录不变，否则链接模型会失效，一旦出现这种情况，可以删除原链接文件，然后重新进行 Revit 链接。

【举例 3.5】进行管线综合深化设计时，可以将各专业模型都链接到一个综合模型文件中进行协同设计，在各专业模型文件中分别进行修改，然后在综合模型文件中通过"重新载入"对链接的模型进行更新。

3.2.3　复制/监视标高和轴网

当链接建筑或结构工程 Revit 文件后，接下来需要以链接模型的标高和轴网为基础，进行设备模型的创建。操作如下。

【操作3.11】复制/监视标高和轴网

①命令：单击选项卡"协作→复制/监视→下拉列表：选择链接"，见图3-16。

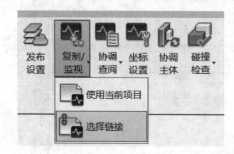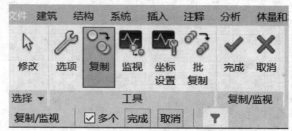

图3-16　复制/监视命令

②选择链接的模型。

③复制标高或轴网：在"复制/监视"选项卡单击"复制"，选项栏中勾选"多个"→同时选中链接模型的多个标高或轴线（参考【操作2.10】【操作2.11】）→选择结束后单击选项栏"完成"，再单击"√"，见图3-16。操作成功后复制监视的对象上会有标记，见图3-17。

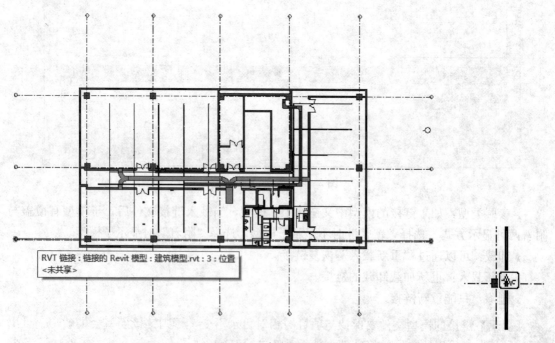

图3-17　复制/监视操作

【举例 3.6】在"实训楼给排水工程"项目中复制监视链接的"实训楼建筑工程"模型的轴网。

> 【提示】采用同样的方法可以复制/监视链接模型的标高，注意，使用这种方法创建标高时，无法自动创建标高对应的楼层平面视图。

复制监视模型
轴网

3.3 标高与轴网创建

在 Revit 中，标高和轴网是建筑构件在立剖面和平面视图中定位的重要依据，二者存在密切关系。标高用来定义楼层层高及生成平面视图，轴网用于为构件定位，在 Revit 中轴网确定了一个不可见的工作平面，轴线与所有标高线相交，所有楼层平面视图中会自动显示轴网。建模之前一般先创建标高，再创建轴网。轴网编号以及标高符号样式均可定制修改。

3.3.1 标高

1. 创建标高

在 Revit 中，"标高"命令必须在立面和剖面视图中才能使用，因此在正式开始项目设计前，必须事先打开一个立面视图，接下来创建标高。

【操作 3.12】创建标高

①命令：单击选项卡"建筑→标高"，见图 3-18。

②同步创建平面视图：如果在选项栏勾选"创建平面视图"，见图 3-18，则可以在创建标高时同步创建标高对应的平面视图。

图 3-18 同步创建平面视图

③绘制标高：单击鼠标确定标高起点，输入标高间距后按回车键（图 3-19），或者水平移动鼠标后再次单击确定标高终点。

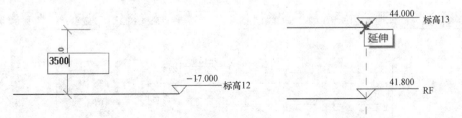

图 3-19 标高创建

④重复上述操作继续绘制其他的标高，创建完成后按 Esc 结束。

【提示】绘制标高时会出现标头对齐虚线，可以以此捕捉标高的起点及终点，如图 3 - 19 所示。

实际的建筑中的标准层往往层高相同，也就是创建间隔彼此相同的标高，这时借助复制或者阵列命令进行创建往往会更加方便。

【操作 3.13】使用复制创建标高

①命令：选择标高，单击上下文选项卡 进入复制。

②规则：选项栏勾选多重复制选项"多个"，在需要复制的标高上单击左键拾取一个基点，输入标高的间距后按回车键，见图 3 - 20。

③重复 2 操作，进行连续复制。

【提示】（1）进入"复制"命令后，选项栏勾选"约束"则只能水平或垂直方向移动复制，勾选"多个"则可以连续复制多个对象，见图 3 - 20；
（2）通过复制创建的标高无法自动创建对应的平面视图。

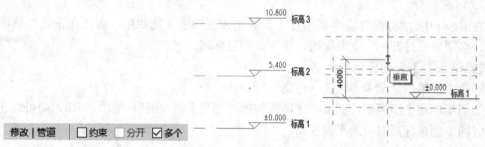

图 3 - 20　复制创建标高

【举例 3.7】在"实训楼建筑工程"项目中创建图 3 - 20 所示的标高，创建"标高 1"后通过复制创建"标高 2""标高 3"，间距为 5.4m。

【操作 3.14】使用阵列创建标高

①命令：选择已经创建的标高，单击上下文选项卡 进入阵列。

复制标高

②规则：选项栏输入"项目数"，在需要阵列的标高实例上单击左键拾取一个基点，输入标高的间距后按回车键完成阵列，见图 3 - 21。

③单击上下文选项卡"解组"。

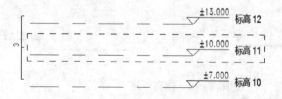

图 3 - 21　阵列创建标高

【提示】（1）进入"阵列"命令后，在选项栏如果勾选"约束"，则只能水平或垂直方向移动复制。

（2）"移动到"有两种方式，如果按相邻两个阵列对象的间距进行阵列则选择"第二个"，如果按首尾阵列对象的距离进行阵列则选择"最后一个"。

（3）软件支持线性和半径两种阵列方式，可以根据平面布局进行选择。

（4）对于多个实例组成的对象，如果阵列时在选项栏勾选"成组并关联"，阵列完成后需要将创建的对象解组后，才能对其中的实例单独进行编辑，见图3-21。

2. 编辑标高

当标高创建完成后，如果标高出现变化，可以对标高重新编辑修改。

【操作3.15】编辑标高

①修改标高名称或高程：单击标高名称及标高数值、间距进入编辑状态，重新输入新的名称后按回车键，见图3-22。

②显示标高的编号：勾选/取消勾选用来显示/隐藏标高的编号。

③锁定/解锁对齐约束：点击 🔒 可以锁定/解锁对齐约束。

④添加弯头：单击 ╼ 添加弯头。

编辑标高

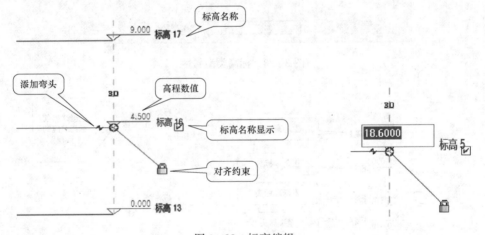

图3-22　标高编辑

【提示】编辑标高时，输入的高度以米为单位（m），标高间距数值单位为毫米（mm）。

通过类型编辑，可以设置标高的显示格式，比如线宽、颜色、符号、标头类型等，见图3-23。

【提示】符号分为上标高标头、下标高标头、圆、正负零多种类型，如图3-24所示。当选择圆标头时，如果某个标高的标头呈蓝色，表示已经创建了与该标高对应平面的平面视图；如果某个标高的标头呈黑色，表示没有创建与该标高对应平面的平面视图。

3. 添加楼层平面视图

如果在创建标高时没有创建对应的平面视图，可以后续单独创建。

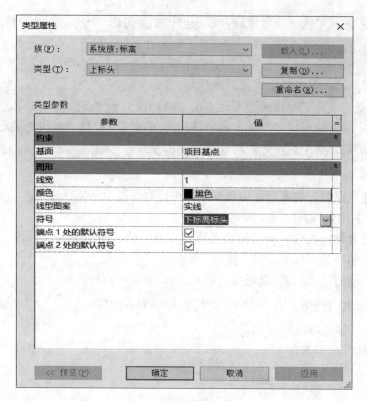

图 3-23　标高类型属性

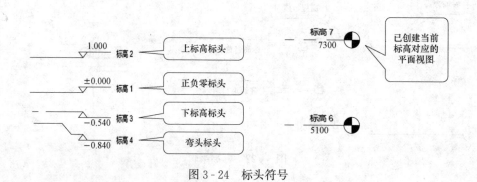

图 3-24　标头符号

【操作 3.16】创建楼层平面

①命令：单击选项卡"视图→平面视图→楼层平面"，见图 3-25。

②选择标高：打开"新建平面视图"对话框，从下拉列表中选择标高，单击"确定"，项目浏览器中将出现新的平面视图。

【举例 3.8】在"实训楼建筑工程"项目中为标高 2、标高 3 创建楼层平面。

3.3.2　轴网

建模时轴网是进行平面定位的基础，标高创建完成后需要进行轴网的绘制。在 Revit 软件中，轴网只需要在任意一个平面视图中绘制一次，其

创建楼层平面

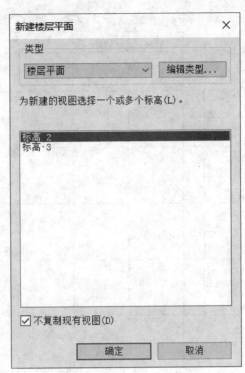

图 3-25　创建楼层平面视图

他平面和立面剖面视图中都将自动显示轴网。

【操作 3.17】绘制轴网

①命令：进入一个平面视图，单击选项卡"建筑→轴网"。

②绘制：在视图范围内单击鼠标确定轴网线的起点，移动鼠标到合适的位置再次单击确定终点，完成一条轴线的绘制。

③锁定：绘制完成所有轴网后，为防止误操作，可以将轴网锁定（见【操作 3.7】）。

【提示】可以借助复制命令快速地创建轴网，方法同标高的复制。为了更方便地绘制轴网，一般在绘制轴网之前先导入 CAD 平面图，参考【操作 3.7】。

【举例 3.9】在"实训楼建筑工程"项目中绘制图 3-26 所示的轴网

轴网创建完成后可以进行编辑，比如修改轴网的标头文字，添加弯头，重新输入临时尺寸来修改轴网的间距，操作同标高编辑。

编辑的轴网仅影响当前视图，如果想传递给其他视图，可以通过下面的方法实现。

创建轴网

【操作 3.18】设置轴网的影响范围

①命令：选择轴网，单击上下文选项卡"影响范围"。

②在"影响基准范围"对话框中，选择其他楼层平面，单击"确定"，见图 3-27。

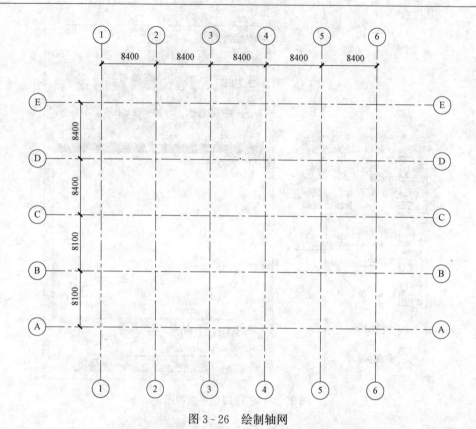

图 3-26 绘制轴网

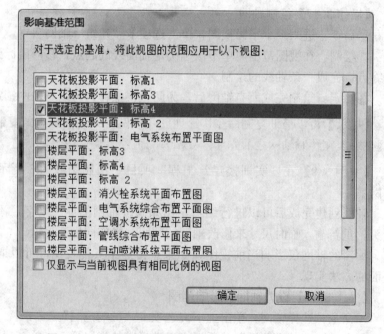

图 3-27 设置轴网的影响范围

总　结

　　创建项目文件时根据专业选择对应的项目样板，项目文件中链接的 CAD 图纸是创建标高、轴网以及进行构件平面布置的主要依据。已经创建的建筑或结构模型可以链接到设备专业相关项目文件中，为后续设备专业模型的创建提供必要的依据。链接的模型或图纸应注意保护，对其修改后应在项目文件中予以更新。

第 4 章　建筑工程 BIM 实践

学习目标

知识目标

熟悉建筑的基本结构与组成；

熟悉墙、楼梯、梁、楼梯等类别的基本类型及参数；

熟悉建筑工程模型创建的流程。

能力目标

创建墙、门窗、楼板、楼梯、柱、梁等构件；

对墙、门窗、楼梯、幕墙、柱梁等类型属性进行编辑与自定义；

定制并选择材质；

将标准层构件复制到其他楼层；

创建简单的建筑工程模型。

素养目标

养成严谨的工作作风；

培养自主学习的习惯。

工作任务

应用 Revit 建筑工程建模流程如图 4-1 所示。

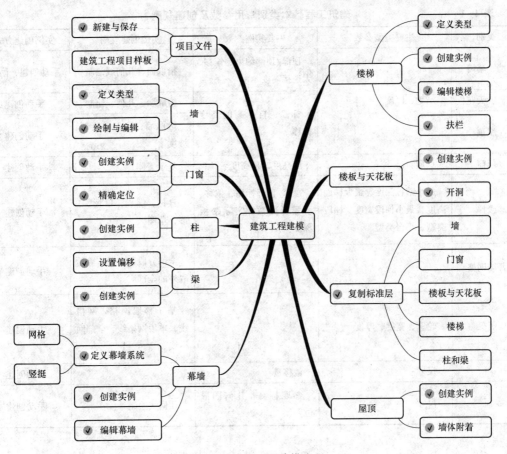

图 4-1 建筑工程建模流程

4.1 概　　述

BIM 建模时各专业模型一般分别进行创建，建筑工程模型涉及的主要类别有墙、门、窗、柱、楼板、屋顶、楼梯、幕墙、扶手等，这些命令基本都位于"建筑"选项卡中，如图 4-2 所示。

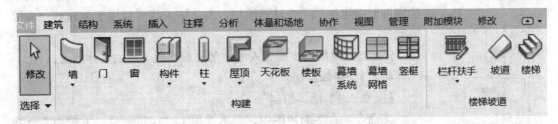

图 4-2 建筑工程常用命令

建筑工程相关类别对应的参数、实例创建规则及方式见表 4-1。

表4-1 建筑工程基本类别常用参数及创建规则

类别	主要类型参数	主要实例参数	实例创建规则	实例创建方式
墙、幕墙		顶部/顶部约束、偏移、无连接高度	拾取面、几何线绘制	手动创建、附着
楼板、天花板	结构、厚度	标高、自标高的高度偏移	拾取墙、几何线绘制	手动创建
屋顶			拾取墙、几何线绘制、坡度	手动创建
门窗	材质、尺寸	底高度、顶高度	基于墙体	手动创建
楼梯	最小踏板深度、最大梯面高度、最小梯段宽度、梯段类型、平台类型	顶部/顶部标高、偏移、所需梯面数、实际踏板深度	直梯、螺旋、U形、L形、草图	手动创建
幕墙网格	—	—	全部分段、一段、除拾取外的全部	手动创建
竖挺	轮廓、宽度、厚度	—	基于幕墙网格，网格线、单段网格线、全部网格线	手动创建
柱	尺寸	偏移量		手动创建
梁	尺寸	参照标高、几何图形位置	几何线绘制	手动创建

4.2 墙

在进行墙体的绘制时，需要根据墙的用途及功能，例如墙体的高度、构造、立面显示等分别创建不同的墙类型，Revit提供了建筑墙，结构墙和面墙三种不同的墙体创建方式（图4-3）：

➢建筑墙：主要用于创建建筑的隔墙。

➢结构墙：用法与建筑墙完全相同，但结构墙可以在结构专业中为墙图元指定结构受力计算模型，因此该工具可以用于创建剪力墙等图元。

➢面墙：根据创建或导入的体量表面生成异形的墙体图元。

4.2.1 墙体绘制

【操作4.1】墙体绘制

①命令：在平面视图中，单击选项卡"建筑→墙，下拉列表→建筑墙"，见图4-3。

②实例属性：在属性面板中选择一种墙体类型，并设置"底部约束""顶部约束"。

③规则：选项栏选择定位线、偏移等。

图4-3 墙体大类

④绘制：在绘制面板选择 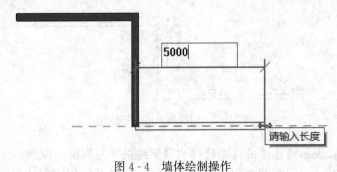 直线命令，移动鼠标在绘图区单击确定墙体的起点，随后移动鼠标单击，依次确定墙体的转折点。当知道墙体长度时，绘制时可以直接输入墙体的长度后按回车键完成创建，见图 4-4。

图 4-4　墙体绘制操作

4.2.2　参数设置

1. 实例参数

进入"墙"命令后，可以通过选项栏对下面几个参数进行设置（图 4-5）：

➢链：勾选后可以连续绘制墙体。

➢偏移量：表示绘制墙体时，墙体距离捕捉点的距离。

➢半径：表示两面直墙的端点相连处不是折线，而是根据设定的半径值自动生成圆弧墙。

图 4-5　绘制墙体选项栏

➢定位线：在绘制墙体时绘制路径在墙体中的定位，包括面层面外部、面层面内部、核心层外部、核心层内部、核心层中心线、墙中心线等多种类型，具体差异详见图 4-6。

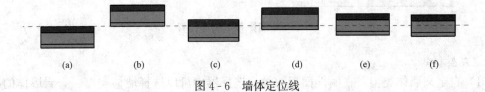

图 4-6　墙体定位线

（a）面层面外部；（b）面层面内部；（c）核心层外部；（d）核心层内部；（e）核心层中心线；（f）墙中心线

【举例 4.1】如图 4-7 所示，内外墙对齐，内墙与外墙厚度不同，选择面层面外部对齐方式进行绘制。

在属性面板可以设置如下参数（图 4-8）：

➢顶部/底部约束：表示墙体上下的约束范围，一般选择所在视图的上下楼层。

➢顶部/底部偏移：在约束范围的条件下，偏移量为正值/负值，可以上/下微调墙体的高度。

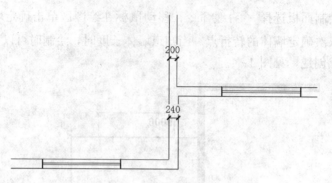

图 4-7　内墙与外墙对齐绘制

➤无连接高度：表示墙体顶部在不选择"顶部约束"时高度的设置。

➤房间边界：在计算房间的面积周长和体积时，软件会使用房间边界，可以在平面视图和剖面视图中查看房间边界，墙则默认为房间边界。

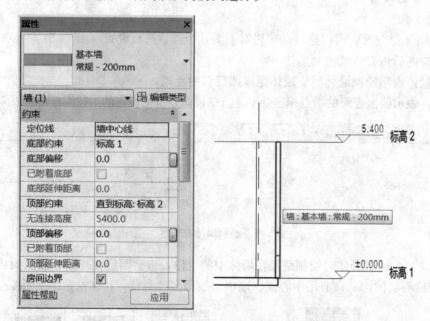

图 4-8　墙体基本属性设置

2．类型参数

（1）自定义墙体类型。在属性面板的类型选择器中可以选择墙体类型，查看墙体的类型参数，如果不满足设计要求，可以自定义墙体类型。

【操作 4.2】自定义墙体类型

①编辑类型：进入"墙"命令后，在属性面板中单击"编辑类型"；

②创建类型：打开"编辑类型"对话框，单击"复制"，打开"新建类型"对话框，输入类型名称后单击"确定"，见图 4-9。

【提示】族类型定义成功后，新建的墙体类型会出现在属性面板的类型选择器及项目浏览器中，如图 4-9 所示。不需要的自定义类型可以在项目浏览器中删除。

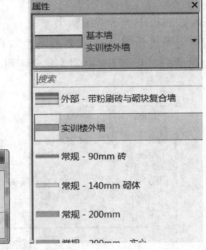

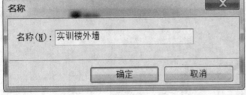

图 4-9　自定义墙体类型

【举例4.2】自定义"实训楼外墙"。

（2）类型参数设置。如图 4-10 所示，墙体的主要类型参数如下：

➢结构：用于设置墙体的结构构造。建模时根据设计要求，可以在绘制前对结构进行定义。Revit 软件提供了丰富的材质库供用户选择，用户也可以根据设计需要自定义材质并加以应用。

自定义墙类型

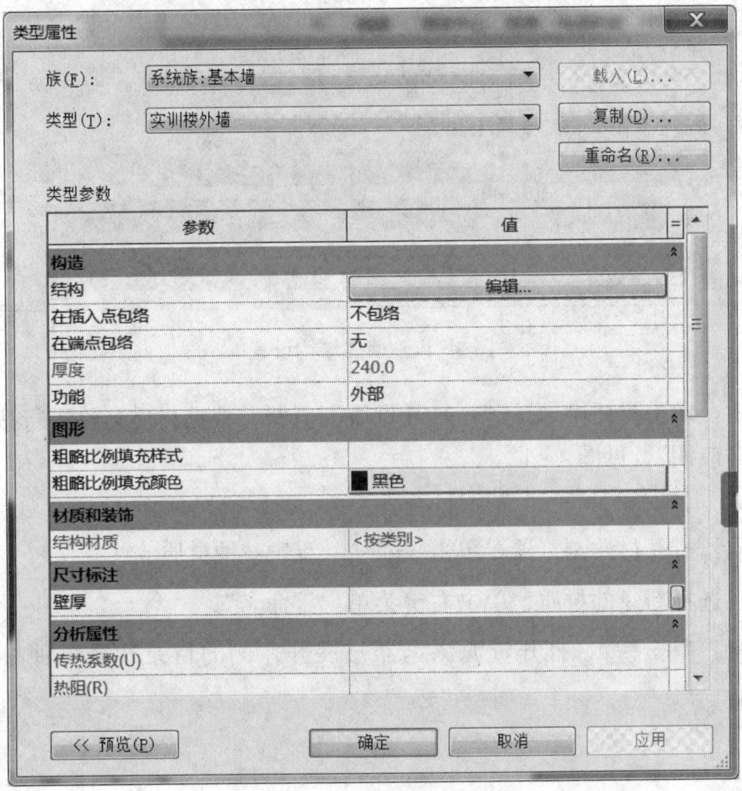

图 4-10　墙体类型参数

【操作 4.3】自定义墙体构造

①在属性面板中单击"编辑类型"。

②结构与厚度设置：在"类型属性"对话框，单击"结构"旁的"编辑"→打开"编辑部件"对话框，设置墙体的厚度，还可以插入、删除结构层，并对各层进行排序，见图 4-11。

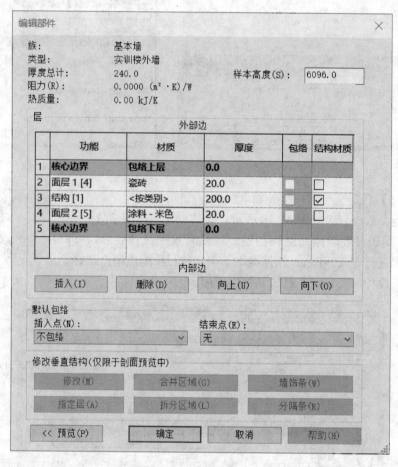

图 4-11 墙体结构设置

③选择材质：单击材质中"…"，打开材质浏览器，根据材质名称进行搜索，选择合适的材质后单击"应用"，见图 4-12。

【操作 4.4】自定义材质

①新建材质：打开材质浏览器，单击 🔵，新建一种材质。

②重命名：选择新建的材质，单击右键菜单"重命名"。

③选择材料：单击 ▤，打开资源浏览器→展开左侧的目录选择一种材料，单击"确定"，见图 4-13。

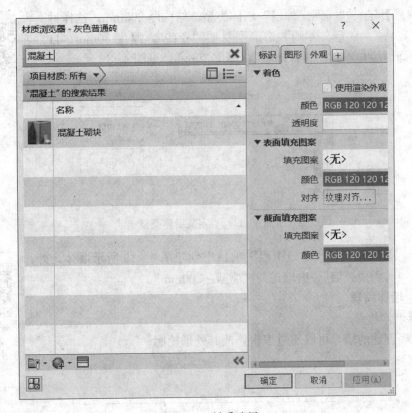

图 4-12　材质选择

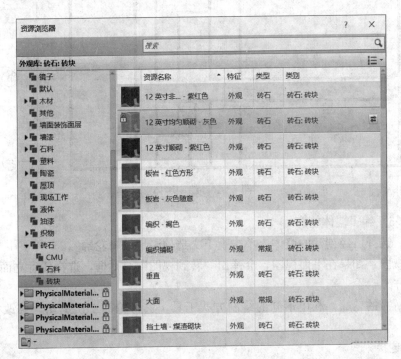

图 4-13　自定义材质

【举例 4.3】定义"实训楼外墙"墙体类型。结构厚 200mm，选择材质"混凝土砌块"，自定义外侧装饰面层材质"瓷砖"，厚度 30mm；自定义内侧装饰面层材质"涂料，米色"，厚度 10mm。见图 4-14。

自定义墙结构

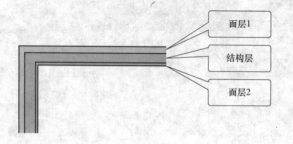

图 4-14　自定义墙体类型

【举例 4.4】在"实训楼建筑工程"项目中创建图 4-15 所示墙体，外墙类型选择"实训楼外墙"，内墙选择"常规-200mm"。

4.2.3　墙体编辑

1. 编辑墙体轮廓

对于已经创建的墙，可以通过编辑修改其外形轮廓。

绘制墙

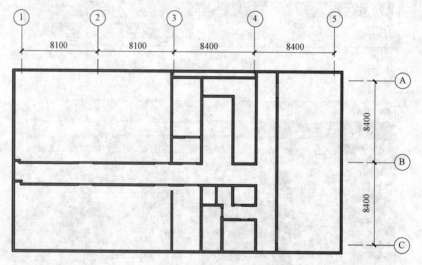

图 4-15　绘制墙体

【操作 4.5】编辑墙体轮廓

①命令：选择已经创建的墙体，单击上下文选项卡"编辑轮廓"。

②选择视图：如果在平面视图，会弹出"转到视图"对话框，选择任意立面或三维视图继续进行操作。

③绘制所需的轮廓：利用不同的绘制方式工具，进行轮廓二次编辑，修改完成后单击"确定"。

2. 墙体连接方式

墙体相交时，可能有多种连接方式，如平接、斜接。

【操作 4.6】墙体连接

①命令：选择墙体，单击上下文选项卡"几何图形→ 连接"，见图 4 - 16。

②连接：移动鼠标至墙上单击，就能实现墙体的连接。

③修改尺寸：绘图区单选墙体图元，其旁边会出现箭头符号，通过拖拽可以调整墙体的尺寸，见图 4 - 15。

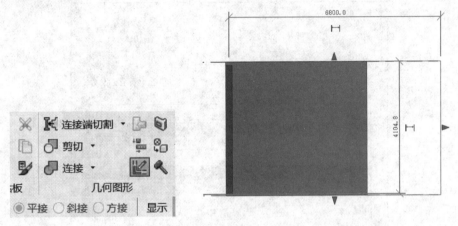

图 4 - 16　墙体连接

4.3　门　　　窗

4.3.1　门窗创建

作为建筑的组成部分，如同真实的门、窗，Revit 中的门窗实例必须放置在墙、屋顶等主体图元中，在墙体创建完成后可以进行门窗的布置，以门为例，其创建方法如下。

【操作 4.7】创建门

①命令：单击选项卡"建筑→门"。

②选择具体的门窗规格，见图 4 - 17。

③放置：在绘图区拾取墙体，单击创建实例。对于已经创建的门实例，可以在绘图区还可以通过 ⇔ 来调整门窗的方向。

创建门

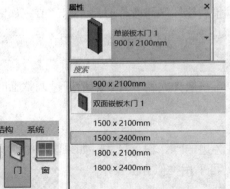

图 4 - 17　创建门窗

【提示】在放置门窗时输入"SM"可以自动捕捉到中点插入。

如果系统提供的门窗规格不满足要求，用户可以自己创建门窗类型，在其类型属性中设置高度、宽度等参数，见图 4-18，方法与创建墙体类型相似。

【提示】一般门窗类型的门窗以其外形尺寸命名。

图 4-18　门类型属性编辑

4.3.2　门窗编辑

当创建完成后如果需要修改，这时可以对门窗进行编辑。

【操作 4.8】修改窗的底高度

方法一：选择对象后在属性面板修改实例参数"底高度"。

方法二：进入立面视图，选择对象后绘图区修改临时尺寸标注值，如图 4-19 所示。

【提示】如果想要一次修改多个实例，可以先选择同类型全部实例（方法见【操作 2.14】），再进行编辑。

放置门窗时，可能难以精确定位，一般先大致放置，然后通过调整临时尺寸标注来重新定位，也可以直接进行居中放置。

【操作 4.9】门窗精确定位

①选择某个图元，单击尺寸标注旁边的 ⊢⊣，输入尺寸；如果没有临时标注，可以先通过注释命令创建永久尺寸标注（见 2），再采用类似方法操作。

②尺寸标注：单击快速工具栏 ✐ "对齐标注" → 单击左键依次拾取待标注对象的两个

图 4-19 修改窗的底高度

尺寸边界→移动鼠标确定尺寸标注的位置，单击左键完成注释。

【提示】创建永久尺寸时，可以按下 Tab 键调整临时尺寸的捕捉点，比如从对象中心改为边缘。

【举例 4.5】创建图 4-20 所示窗户。

多段尺寸标注可以进行等分约束，这在居中放置构件时会非常方便。

创建窗

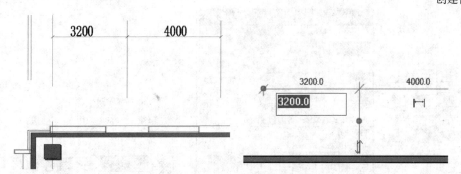

图 4-20 门窗的定位

【拓展 4.1】将窗居中放置。

①临时尺寸标注属性设置：单击选项卡"管理→其他设置→下拉菜单→临时尺寸标注"打开对话框，"门和窗"选择中心线，见图 4-21。

②将临时尺寸标注转换为永久性尺寸标注：选择创建的实例，单击⊢。

③等分约束：选择永久性尺寸标注，单击出现的"EQ"进行等分约束。

窗居中放置

④锁定：单击 🔓 进行锁定，再次单击 🔒 可以解除锁定。

图 4-21　窗户居中放置

4.4　楼板与天花板

4.4.1　楼板创建

楼板的创建不仅可以是楼面板，还可以是坡道、楼梯休息平台等。楼板分为建筑楼板、结构楼板、面楼板和楼板边，与墙体类似，建筑楼板、结构楼板同样是在于是否进行结构分析，楼板边多用于生成住宅外的小台阶。

【操作4.10】创建楼板

①命令：单击选项卡"建筑→楼板，下拉列表→建筑楼板"，见图4-22。

②属性：在属性面板设置"标高"及"自标高的高度偏移"。

③绘制：在上下文选项卡选择楼板的绘制方式，单击左键绘制楼板边界线。

创建楼板

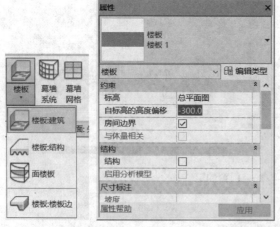
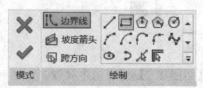

图 4-22　创建楼板

④绘制完后单击 ✔。

【提示】创建楼板时，要确保绘制的楼板边界线是封闭的。如果有重叠、交叉，可以使用"修剪/延伸"命令进行修改。

通过选项栏可以设置楼板的偏移，此时绘制的屋顶边缘与墙体之间会存在一定的距离，如图 4-23 所示。

| 偏移: | 200.0 | ☑ 延伸到墙中(至核心层) |

图 4-23　楼板选项栏设置

楼板绘制支持以下多种绘制方式：

➢几何图形绘制：适合创建轮廓形状规则的楼板，或者缺少墙体围护的独立楼板。绘制方法同"墙"。

➢拾取墙：可以根据已创建的墙体快速生成楼板，这是最常用的一种绘制方式。通过选项栏输入"偏移"值，可以直接创建距离参照线一定偏移量的板边线。

【举例 4.6】在"实训楼建筑工程"项目中创建图 4-24 所示的楼板，厚度 150mm，"标高"选择"标高 1"，自标高的高度偏移为 0。

4.4.2　楼板编辑

像墙体一样，可以通过编辑类型设置楼板的结构及厚度。

对于创建好的楼板，软件提供了强大的编辑功能，一方面，可以在绘图区直接修改楼板的尺寸、形状、偏移方向，如图 4-24 所示。另一方面，可以通过上下文选项卡再次进入绘制草图模式，重新编辑楼板轮廓线，通过在原有楼板上进行二次绘制，可以实现楼板的开洞，同时还可以对楼板的形状、坡度等进行调整。

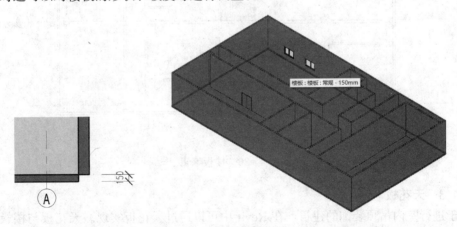

图 4-24　创建楼板

【操作 4.11】楼板开洞

①选择楼板，单击上下文选项卡"编辑边界"重新进行绘制模式，见图 4-25。

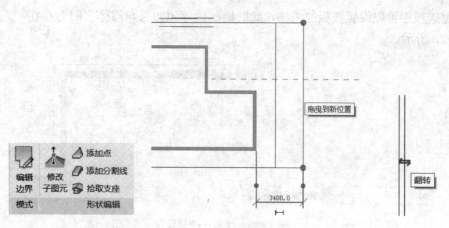

图 4 - 25　楼板编辑

②采用几何图形绘制洞口。

③单击 ✔。

【举例 4.7】楼梯部位开洞。如图 4 - 26 所示，在"实训楼建筑工程"项目中进入二层平面视图，将楼梯的部位对楼板进行二次编辑。当出现"是否希望将高达此楼层标高的墙附着到此楼层的底部?"提示时，选择"否"。

编辑楼板

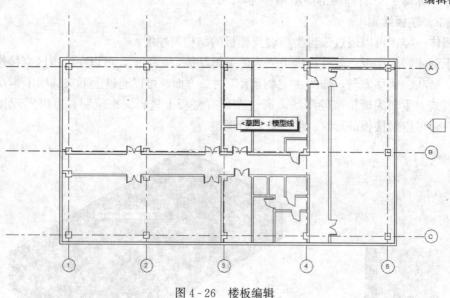

图 4 - 26　楼板编辑

4.4.3　天花板

对于进行室内吊顶装饰的建筑，在 Revit 中可以通过天花板实现。天花板与楼板的创建相似。

【操作 4.12】创建天花板

①命令：单击选项卡"建筑→天花板"。

②实例属性：输入"自标高的高度偏移量"，见图 4 - 27。

③放置天花板：在上下文选项卡选择创建方式，完成放置。

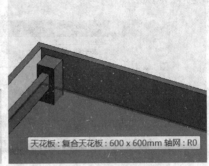

图 4 - 27　创建天花板

【提示】楼板实例属性中的"约束"是控制楼板顶标高，而天花板实例属性中的"约束"是控制天花板底面标高。

如图 4 - 27 所示，天花板放置方式有两种：

➤自动创建天花板：根据墙体自动识别出放置区域。

➤绘制天花板：进入草图模式，绘制天花板轮廓，同墙体绘制。

【举例 4.8】在"实训楼建筑工程"项目中，在房间区域创建天花板，偏移量为 3800mm。

创建天花板

4.5　幕　　　墙

幕墙作为墙的一种类型，在当今的建筑中使用非常广泛。在 Revit 软件中幕墙由幕墙嵌板，幕墙网格和幕墙竖挺三部分组成。灵活使用幕墙工具，通过对它们进行编辑，可以创建任意复杂形式的幕墙样式。

幕墙嵌板是构成幕墙的基本图元幕墙，由一块或者多块幕墙嵌板组成；幕墙网格决定了幕墙嵌板的大小数量；幕墙竖挺为幕墙龙骨，是檐幕墙网格生成的线型构件。

4.5.1　幕墙创建

1. 幕墙参数

幕墙属于墙的一种，其创建方法与普通墙体相似。

【操作 4.13】绘制幕墙

命令：单击选项卡"建筑→墙"，在属性面板中选择幕墙族。

在 Revit 中幕墙由网格和竖挺、面板组成，在绘制幕墙前应首先创建幕墙类型，并设置相关参数。如图 4 - 28 所示，幕墙的主要类型参数如下：

➤自动嵌入：勾选后可以在已经创建墙体的部位绘制幕墙并替代普通墙体。

➤水平网格/垂直网格：网格相当于竖挺的定位线，是创建竖挺的基础，包括水平和垂直两个方向。

➢布局：可以选择固定距离、固定数量、最小间距、最大间距，见图 4-29。

➢间距：输入网格线之间的距离，包括垂直网格间距、水平网格间距，见图 4-30。

➢竖挺类型：用于定义竖挺断面形状及尺寸，包括内部类型、边界类型（位置见图 4-30），可以选择矩形、圆形。

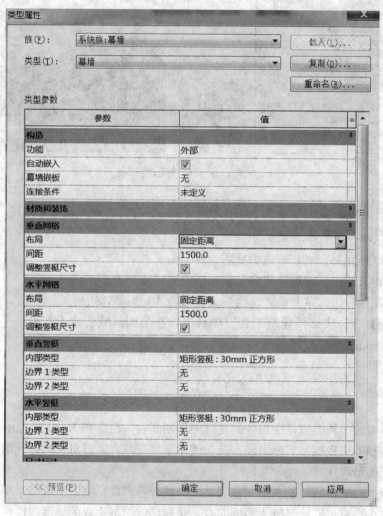

图 4-28　幕墙类型属性

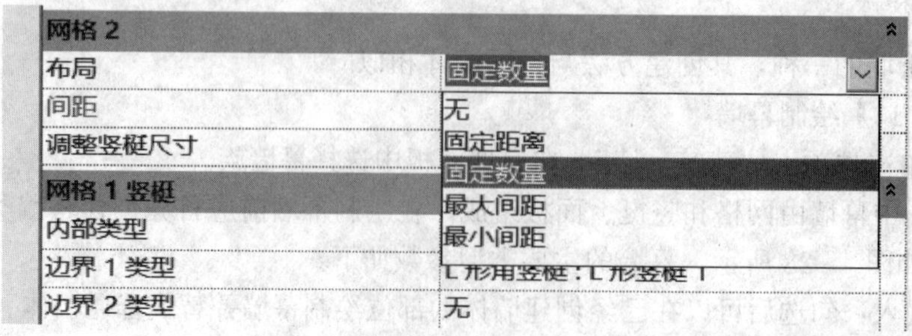

网格 2	
布局	固定数量
间距	无
调整竖梃尺寸	固定距离
	固定数量
网格 1 竖梃	最大间距
内部类型	最小间距
边界 1 类型	L 形用竖梃：L 形竖梃 1
边界 2 类型	无

图 4-29　幕墙类型参数的选择

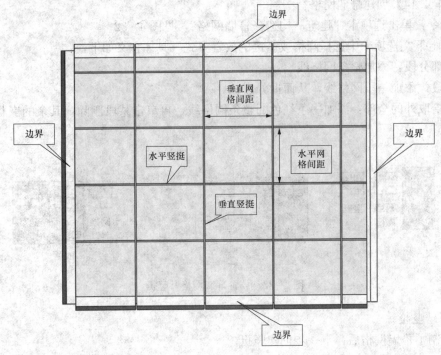

图 4-30　幕墙构造

【举例 4.9】定义幕墙类型"实训楼幕墙"，垂直、水平网格间距均为 1500mm，竖挺类型选择"矩形竖挺：30mm 正方形"，见图 4-28。

【举例 4.10】在"实训楼建筑工程"项目中创建图 4-31 所示幕墙，幕墙类型选择"实训楼幕墙"。

2. 幕墙网格

一般简单的幕墙可以通过上述方法创建，想要更加精准地建模，可以在创建幕墙后单独放置幕墙网格及幕墙竖挺。首先绘制幕墙网格，方法见【操作 4.14】。

定义幕墙类型

创建幕墙

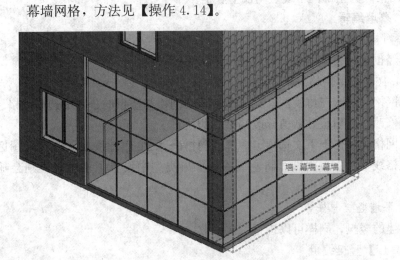

图 4-31　幕墙创建举例

【操作4.14】创建幕墙网格

①命令：单击选项卡"建筑→构造→幕墙网格"，见图4-32。

②在上下文选项卡中选择网格或竖挺的放置方式，具体含义如下：

➢全部分段：添加整条网格线。

➢一段：添加一段网格线，从而拆分嵌板。

➢除拾取外的全部：添加一条红色的整条网格线，再单击某段删除，其余的嵌板添加网格线。

图4-32　放置幕墙网格及竖挺

3. 幕墙竖挺

在绘制了幕墙网格后，下一步创建竖挺。

【操作4.15】放置幕墙竖挺

①命令：单击选项卡"建筑→构造→竖挺"。

②选择网格线放置的方式，见图4-32。

③选择竖挺类型。

④选择已经放置网格的幕墙。

竖挺放置的方式有如下几种：

➢网格线：选择一条网格线，则整条网格线均添加竖挺。

➢单段网格线：在每根网格线相交后，形成的单段网格线处添加竖挺。

➢全部网格线：全部网格线上均加上竖挺。

4.5.2　幕墙编辑

1. 幕墙网格

对于已经创建的幕墙网格，可以进行二次编辑。

【操作4.16】幕墙网格编辑

①选择网格：进入三维视图，在一段带幕墙网格与竖挺的幕墙中选择网格。

②位置修改：编辑尺寸数值修改网格线的位置。

③删除网格：单击上下文选项卡"幕墙网格→添加/删除线段"→在绘图区选择需要断开的一段网格线，再次单击即可将它删除，如果类型中设置了幕墙竖挺则会随网格线同步删除。

2. 编辑幕墙竖挺与嵌板

对于创建的竖挺，同样可以进行二次修改。

【操作4.17】竖挺编辑

①选择竖挺实例。

②竖挺类型选择：类型选择器中选择需要的竖挺类型，并修改相关参数。

③类型编辑：竖挺的类型属性中，用户可以选择竖挺的轮廓，自定义角度、偏移、厚度等，见图 4 - 33。

竖挺编辑

选择幕墙嵌板，在属性面板的类型选择器中可直接修改幕墙嵌板类型，如果没有所需类型，可通过载入族库中的族文件加入到项目中。

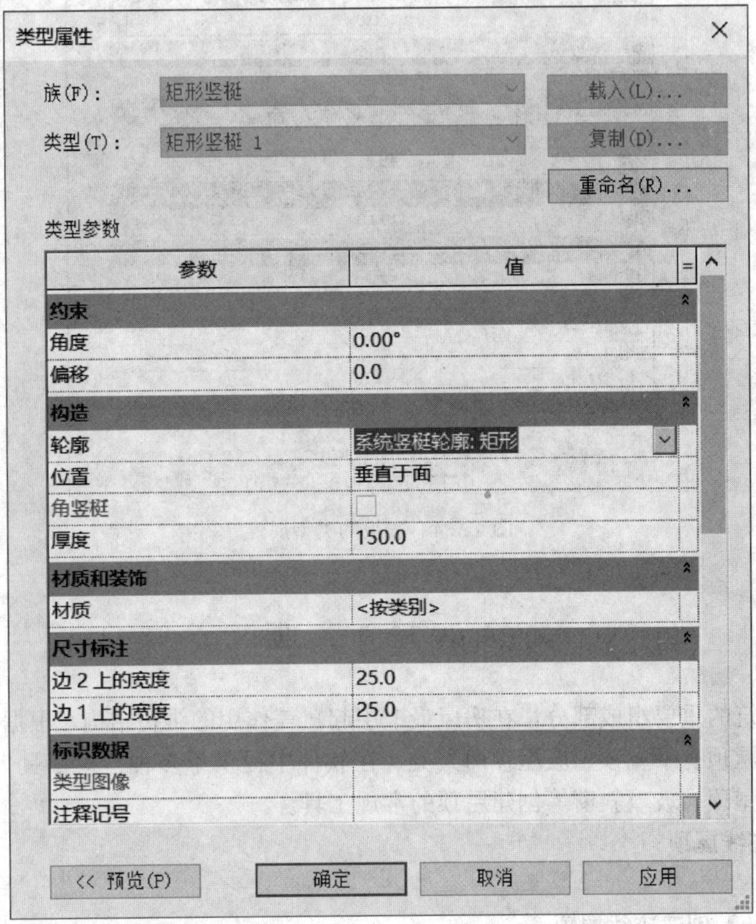

类型属性	✕

族(F)：　矩形竖挺　　　　载入(L)...

类型(T)：　矩形竖挺 1　　　复制(D)...

　　　　　　　　　　　　　重命名(R)...

类型参数

参数	值	=
约束		
角度	0.00°	
偏移	0.0	
构造		
轮廓	系统竖挺轮廓: 矩形	
位置	垂直于面	
角竖挺	☐	
厚度	150.0	
材质和装饰		
材质	<按类别>	
尺寸标注		
边 2 上的宽度	25.0	
边 1 上的宽度	25.0	
标识数据		
类型图像		
注释记号		

　<< 预览(P)　　确定　　取消　　应用

图 4 - 33　竖挺的类型属性

【操作 4.18】嵌板编辑

①选中某块幕墙嵌板。

②属性面板的类型选择器，选择其他的嵌板类型进行替换。

③打开"类型编辑"对话框，修改偏移量、厚度、材质等，见图 4 - 34。

嵌板编辑

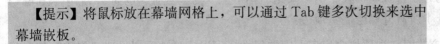

【提示】将鼠标放在幕墙网格上，可以通过 Tab 键多次切换来选中幕墙嵌板。

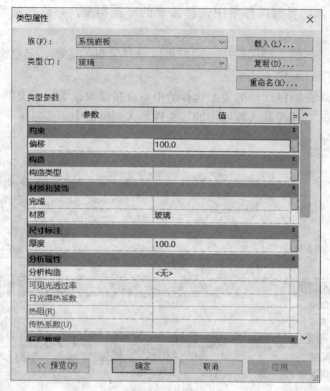

图 4-34　嵌板的类型属性

4.6　屋　　顶

屋顶是建筑的重要组成部分,在房屋最上层起覆盖作用的维护结构,根据屋顶排水坡度的不同,常见屋顶有平屋顶、坡屋顶两大类。在软件中提供了多种建模工具,如迹线屋顶、拉伸屋顶、面屋顶、玻璃斜窗等创建屋顶的常规工具。

4.6.1　迹线屋顶

1. 屋顶创建

【操作 4.19】创建迹线屋顶

①命令:进入平面视图,单击选项卡"建筑→屋顶,下拉列表→迹线屋顶",见图 4-35。

②在上下文选项卡选择绘制方式,绘制屋顶的迹线,绘制完成后单击 ✔。

③单击选项卡"编辑迹线"。

④在属性面板设置屋顶的相关属性。

⑤单击选项卡 ✔ 完成创建。

【提示】屋顶的绘制方式与楼板相似,采用"拾取墙"方式绘制屋顶时,使用 Tab 键切换选择,可一次选中所有外墙绘制屋顶边界。

选择的不同的方式时,选项栏会出现不同的属性,可以通过选项栏设置"偏移"值,如图 4-36 所示。

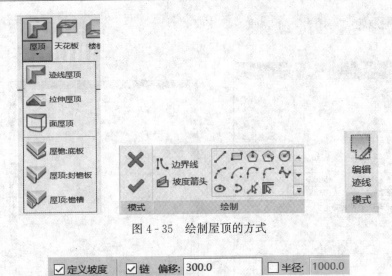

图 4 - 35　绘制屋顶的方式

图 4 - 36　绘制屋顶的选项栏

一般绘制的屋顶需要通过属性面板进行参数编辑（图 4 - 37），主要内容如下：

➤截断标高：指屋顶标高到达该标高界面时，屋顶会被该界面剪切出洞口。

➤截断偏移：截断面在该标高处向上或向下的偏移值。

➤椽截面：指的是屋顶边界处理方式，包括垂直截面，垂直双截面与正方形双截面。

➤坡度：各根带坡度边界线的坡度值。

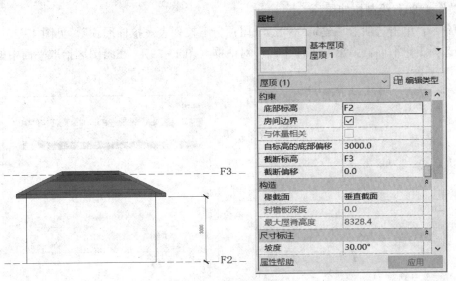

图 4 - 37　屋顶属性设置

【举例 4.11】在"实训楼建筑工程"项目中，完成三层建筑主体模型创建后，创建平屋顶，底部标高选择"F3"，偏移 5100mm。

2. 屋顶编辑

软件支持对每条迹线单独进行编辑。当单击选择某一条迹线时，可以在属性面板中修改其坡度、悬挑等参数，实现更精准的模型创建，见图 4 - 38。

创建平屋顶

【提示】屋顶轮廓需闭合，不得重叠、交叉。

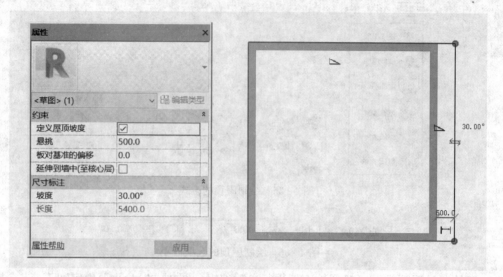

图4-38　每条迹线单独编辑

4.6.2　拉伸屋顶

拉伸屋顶主要是通过在立面上绘制拉伸形状，按照拉伸形状在平面上拉伸而成，拉伸屋顶的轮廓是不能在平面上进行绘制的。

【操作4.20】绘制拉伸屋顶

①命令：单击选项卡"建筑→构造→屋顶，下拉列表→拉伸屋顶"，见图4-35。

②选择工作平面：弹出"工作平面"对话框（图4-39），在绘图区拾取平面中的一条直线。

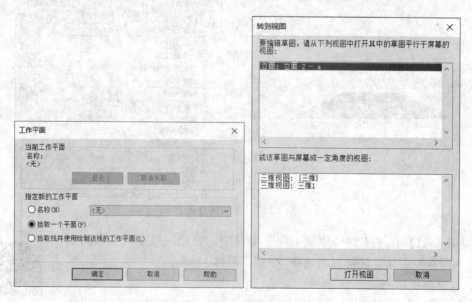

图4-39　绘制拉伸屋顶

③绘制屋顶拉伸截面线：软件自动跳转至"转到视图"界面（图4-39），进入对应的立面视图，开始绘制屋顶拉伸截面线，如图4-40所示。

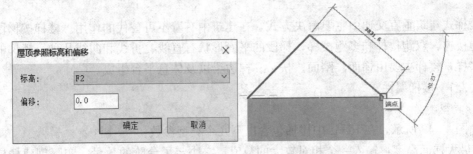

图 4-40　绘制屋顶拉伸截面线

④拉伸：绘制完成后，在属性面板中设置拉伸的起点和终点，见图4-41。

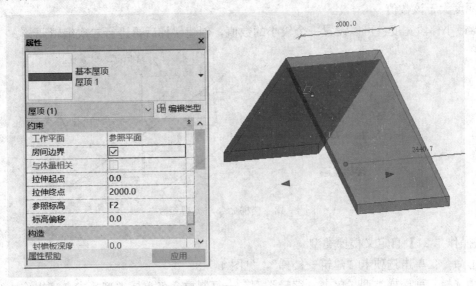

图 4-41　拉伸屋顶

⑤墙体附着：选择未与墙体连接的墙体，单击上下文选项卡"附着"，把墙体附着到屋顶，如图4-42所示。

图 4-42　墙体附着到屋顶

4.7　扶手、楼梯

楼梯式建筑垂直交通中主要解决方式，在建筑中有着不可替代的作用。楼梯按梯段可分为单跑楼梯、双跑楼梯和多跑楼梯，梯段的平面形状有直线、折线和曲线几种。楼梯的种类样式多样，楼梯主要由梯面、踏面、扶手、梯边梁以及休息平台组成。

4.7.1　楼梯属性

1. 类型参数

如图 4-43 所示，在 Revit 中楼梯包含以下几个类型参数：

➤最大梯面高度：输入一个相对较大的数值，它决定了台阶的数量，实际创建楼梯的梯面高度小于该数值。

➤最小踏板深度：输入一个相对较小的数值，它影响楼梯的整体深度，实际创建楼梯的踏板深度大于该数值。

➤最小梯段宽度：可以设置一个较小的数值，创建楼梯后再进行二次编辑调整。

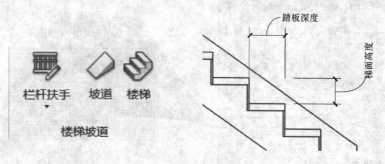

图 4-43　楼梯命令与类型参数

【操作 4.21】自定义楼梯类型

①命令：单击选项卡"建筑→楼梯"，见图 4-43。

②选择一种楼梯类型，单击"编辑类型"→复制重命名楼梯类型，参考【操作 4.2】。

③修改类型参数，单击"确定"。

④单击上下文选项卡"√"。

【举例 4.12】自定义一个楼梯类型，族选择"组合楼梯"，命名为"180mm—260mm 梯段"，设置最大梯面高度为 180mm；最小踏板深度为 260mm，最小梯段宽度为 1100mm，见图 4-44。

2. 实例参数

绘制楼梯时，通过选项栏设置下列参数（图 4-45）：

➤定位线：绘制楼梯时鼠标位置相对楼梯的位置，可以选择左、右、中心等位置。

自定义楼梯
类型

➤偏移：楼梯定位线与实际绘制路径的偏移量。

➤实际梯段宽度：根据设计要求输入。

➤自动平台：勾选后自动创建平台与梯段衔接。

图 4 - 44　楼梯类型自定义

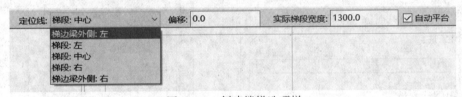

图 4 - 45　创建楼梯选项栏

下列参数可以通过属性面板设置（图 4 - 46）：

➤楼梯类型：楼梯的族类型。

➤顶部标高、底部标高：一般选择相邻的上下两个楼层标高。

➤顶部/底部偏移：楼梯顶部或底部与标高的相对差值。

➤所需踏面数：输入数值进行自定义，确保梯面高度小于最大梯面高度。

➤实际梯面高度：实际梯面高度＝（顶部标高－底部标高）/所需踏面数，系统自动计算。

➤实际踏板深度：输入数值进行自定义，需要大于最小踏板深度。

➤限制条件：确定楼梯的高度。

➤尺寸标注：确定楼梯的宽度所需梯面数以及实际踏板深度，根据梯面数软件自动计算梯面高度。

图 4 - 46　楼梯实例参数

4.7.2　楼梯创建与编辑

1. 楼梯创建

【操作 4.22】创建楼梯

①命令：单击选项卡"建筑→楼梯"（图 4 - 43），选择合适的楼梯类型。

②设置实例参数：选择顶部标高、底部标高，输入所需梯面数，如前所述。

③选择定位线，上下文选项卡选择楼梯构件种类，设置栏杆，见图 4 - 47。

图 4 - 47　创建楼梯命令

④设置栏杆：单击上下文选项卡"栏杆扶手"→打开对话框，选择栏杆扶手类型，见图 4 - 48（a）。

⑤绘制楼梯：在绘图区捕捉楼梯的起点单击，移动鼠标沿楼梯的中线绘制楼梯，草图旁边会提示创建梯面的数量，据此确定楼梯绘制的终点位置，保证创建的楼梯与设计一致，在终点再次单击完成创建，见图 4 - 48（b）。

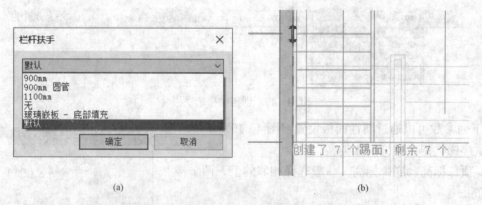

图 4 - 48　创建栏杆及楼梯

（a）栏杆扶手选择；（b）绘制楼梯草图

⑥单击上下文选项卡"√"完成创建。

【提示】创建楼梯时如果选择自动创建栏杆，将在梯段左右两侧都生成栏杆，需要在楼梯创建完成后将靠墙的栏杆手动删除。

2. 楼梯编辑

创建楼梯时，如果绘制楼梯草图后可以直接进入编辑模式。也可以待创建楼梯后，再次对楼梯进行编辑，通过对楼梯进行调整，实现精细化建模。

【操作 4.23】编辑楼梯

①选择楼梯，单击上下文选项卡"编辑楼梯"，见图 4 - 49。

②单击梯段，属性面板修改宽度尺寸。

③单击平台，通过拖拽修改其尺寸。

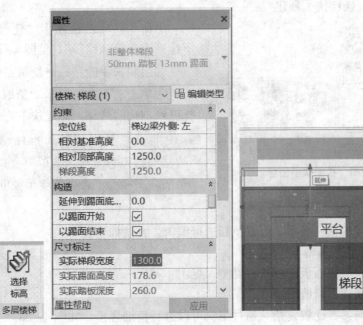

图 4-49　楼梯编辑

【举例 4.13】在"实训楼建筑工程"项目中创建直楼梯，类型选择 "180mm-260mm 梯段"，梯段宽度为 1300mm，梯面数为 30，见图 4-50。

创建直楼梯

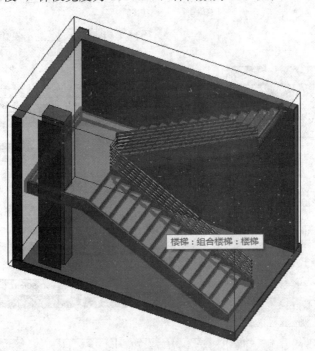

图 4-50　创建楼梯举例

4.7.3　楼梯扶手

在创建楼梯的同时，扶手会自动生成。用户也可以自己创建楼梯扶手。

【操作4.24】楼梯扶手创建

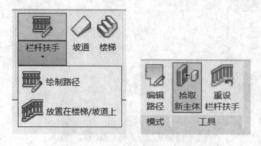

①命令：单击选项卡"建筑→栏杆扶手，下拉列表→绘制路径"，见图4-51。

②绘制扶手的路径→绘制完成后单击 ✔。

③单击上下文选项卡"拾取新主体"→选择已经创建的楼梯，完成扶手的创建。

图4-51　楼梯扶手创建

【提示】采用"绘制路径"绘制扶手时，绘制的路径必须是一条单一且连接在一起的草图。在楼梯平台处需要单独创建扶手。

4.7.4　扶栏编辑

对于自动生成的栏杆扶手，可以重新进行编辑。方法如下。

【操作4.25】扶栏编辑

①选择扶栏，属性面板选择扶栏类型，见图4-52。

②进入类型属性，修改类型参数。

扶栏编辑

扶栏的类型与参数比较复杂，通过编辑可以进行精细建模。如图4-53所示，扶栏的类型与参数主要包含以下内容：

➤栏杆结构：支持用户自定义栏杆的结构，可以插入新的扶手，"轮廓"可以通过"轮廓族"载入选择，对于各扶手可以设置其名称、高度、偏移、材质等。

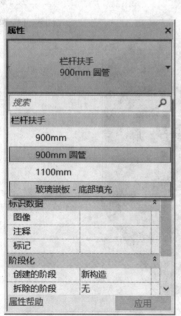

图4-52　扶栏类型与参数

➤栏杆位置：支持用户自定义栏杆的精确位置。可以编辑"栏杆族"的族轮廓、偏移等参数。

➤顶部扶栏高度：定义顶部扶栏偏移量。

➤顶部扶栏类型：软件提供了圆形、椭圆形、矩形等多种类型，用户可以自行选择。

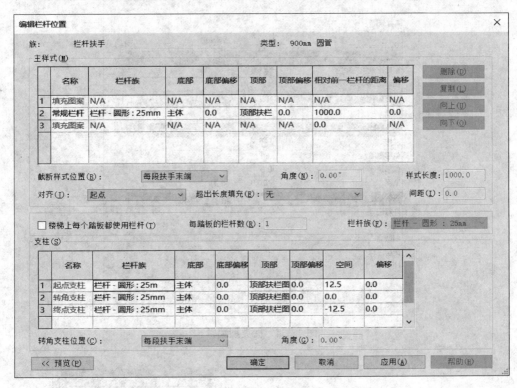

图 4-53　栏杆结构

4.8　柱、梁

4.8.1　柱

1. 柱类型定义

柱分为建筑柱与结构柱，前者主要用于墙垛及墙上的突出结构，不用于承重。

为了满足设计要求，往往需要用户先定义柱的类型（参考【操作 4.2】），修改宽度、深度等类型参数，确定柱的平面尺寸，见图 4-54。

【举例 4.14】自定义"矩形柱：700mm×700mm"柱类型。深度和宽度均为 700mm。见图 4-54。

2. 柱创建

【操作 2.26】创建柱

①命令：单击选项卡"建筑→柱，下拉列表→建筑柱"，见图 4-55。

②属性：选择合适的柱类型，设置柱子的高度等参数。

③绘图区单击进行放置。

自定义柱类型

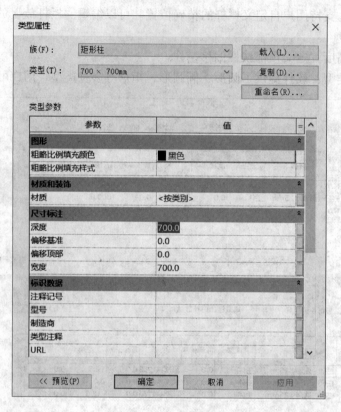

图 4-54 柱类型编辑

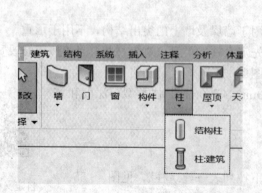

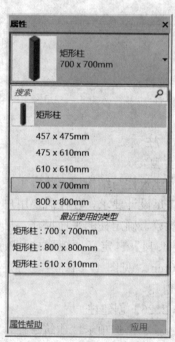

图 4-55 选择柱类型

【举例 4.15】在"实训楼建筑工程"项目中创建如图 4-56 所示的柱，选择"矩形柱：700mm×700mm"柱类型。

创建柱

4.8.2　梁

1. 梁属性

（1）实例参数：

➤参照标高：梁放置的位置基点，一般选择所在楼层。

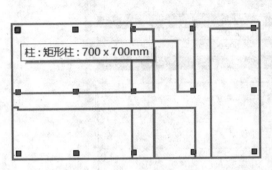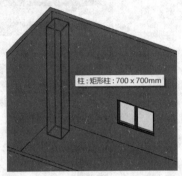

图 4-56　创建柱举例

➤几何图形位置：包括 X、Y、Z 轴的对齐位置及偏移，一般将 Z 轴对正选择"顶"，Z 轴偏移值 = 层高—楼板厚度。

【举例 4.16】层高 5400mm，楼板厚度 300mm，矩形梁的 Z 轴偏移值可以设置为 5100mm，见图 4-57。

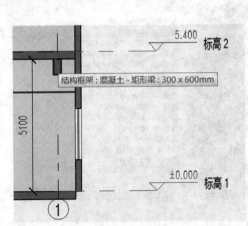

图 4-57　梁的实例参数设置

（2）类型参数：

➤尺寸标注：包括 b 和 h，表示梁的断面宽度和高度，用户可以修改，进行梁类型的自定义，见图 4-58。

自定义梁类型

【举例 4.17】自定义 200mm×600mm 及 150mm×400mm 的混凝土矩形梁（图 4-58）。如果梁族无法直接创建，这时需要用户先载入族（图 4-59）。

图 4 - 58　梁的类型参数

图 4 - 59　载入梁族

2. 梁创建

【操作 4.27】创建梁

①进入对应的平面视图。

②命令：单击选项卡"结构→梁"，见图 4 - 60。

③属性：通过选项栏选择放置的平面，见图 4 - 61，设置实例参数，如前所述。

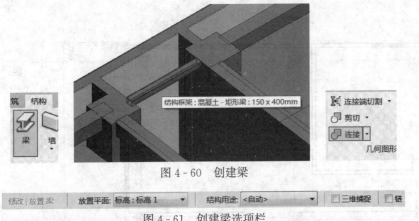

图 4-60　创建梁

图 4-61　创建梁选项栏

④绘制梁：单击确定梁的起点，再次单击确定终点。

⑤梁与柱连接：单击"修改→连接"，选择梁，再选择柱，完成连接，图 4-60。

【提示】为了确保梁能够正常显示，需要在平面视图中合理设置视图范围。

【举例 4.18】在"实训楼建筑工程"项目中绘制首层梁。走廊横梁选择 150mm×400mm 混凝土矩形梁，侧边梁选择 200mm×600mm 混凝土矩形梁，Z 轴偏移值均为 5100mm。

创建梁

4.9　建筑模型创建实例

4.9.1　项目导入

1. 任务简介

本工程为某三层实训楼建筑，采用砖混结构，房屋面积约 680m²。建筑内房间均为实训室。根据图纸进行土建 BIM 建模，Revit 模型完成效果见图 4-62。

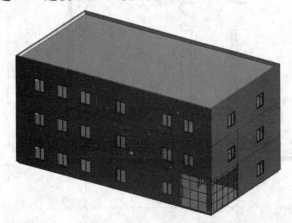

图 4-62　模型创建效果

2. 建模所需资料

建筑专业 CAD 设计施工图纸，见图 4-63、图 4-64。

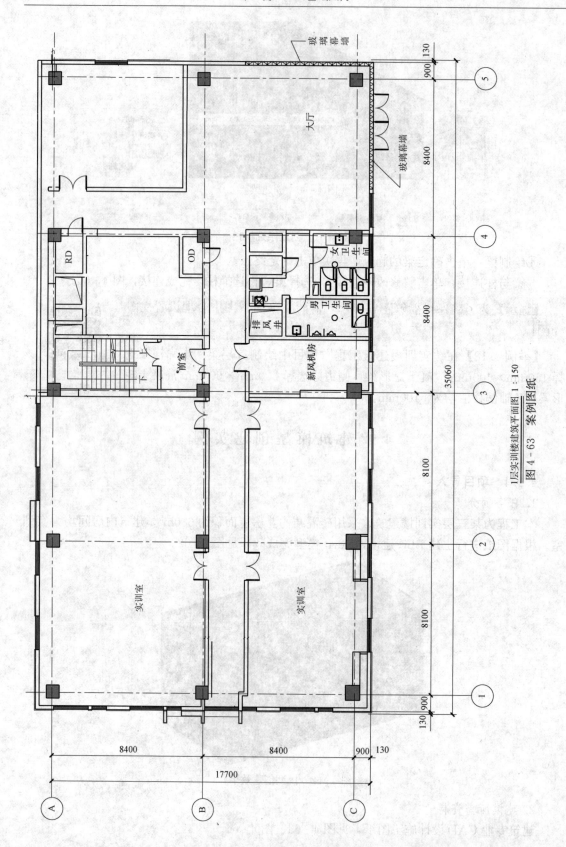

1层实训楼建筑平面图 1:150

图4-63　案例图纸

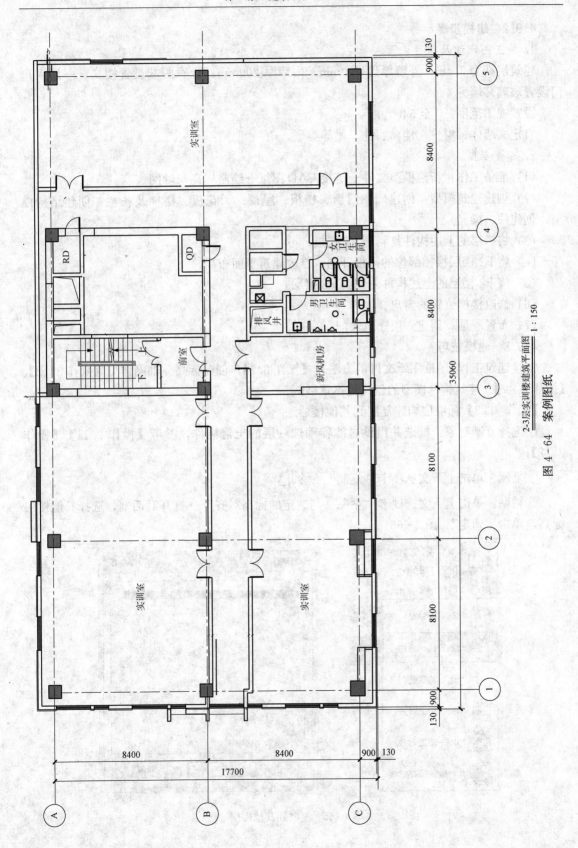

2-3层实训楼建筑平面图 1：150

案例图纸

图 4 - 64

4.9.2　建模步骤

1. 施工图识读及项目设置

建筑层高为 5.4m，外墙厚度 240mm，内墙厚 200mm。走廊两端设置楼梯，一层入户门设置玻璃幕墙。

设置视图范围：0 至 5400。

自定义墙体、窗户、楼梯、柱、梁等类型。

2. 建模步骤

（1）准备工作：新建模型文件→链接 CAD 图纸→绘制标高与轴网。

（2）创建建筑模型：创建墙、门窗、楼板、屋顶、天花板、楼梯及扶栏；创建结构模型：创建柱、梁。

（3）将一层的上述构件复制到 F2 楼层。

（4）将 F2 楼层楼梯部位的楼板开洞，修改建筑平面布局。

（5）将 F2 楼层的上述构件复制到 F3 楼层。

（6）修改楼梯位置的窗户。

（7）布置屋顶，创建一层建筑大门。

4.9.3　建模技巧

链接建筑工程 CAD 图纸文件的方法见【操作 3.7】，创建标高、轴网详见【操作 3.12】、【操作 3.17】。建筑构件模型的创建见本章举例。

【操作 4.28】标准层构建复制到其他楼层

①选择复制对象：框选并借助过滤器筛选一层的土建构件，参考【操作 2.11】【操作 2.12】；

②复制：单击上下文选项卡"复制"命令 ；

③粘贴：单击上下文选项卡"粘贴→与选定的标高对齐"→打开对话框，选择其他楼层标高，单击"确定"，图 4-65。

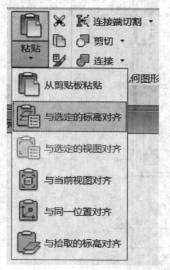

图 4-65　复制到其他楼层

【举例 4.19】在"实训楼建筑工程"项目中，将一层的土建模型构件复制到二层，见图 4-66。

跨楼层复制

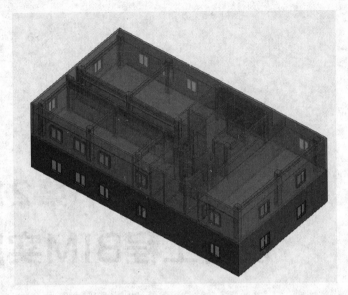

图 4-66　复制建筑标准层

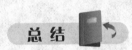

　　创建项目文件并选择建筑工程项目样板，根据设计要求定义并应用合适的构件类型，选择理想的材质，链接 CAD 图纸并以此为基础依次创建标准层的墙、柱、门窗、梁、楼板、天花板、楼梯等建筑及结构实例，通过二次编辑对模型加以优化，待将标准层模型完善后再复制到其他楼层，选择合适的标高，确保竖向布置的准确性。根据设计要求进一步修改非标准层的平面布局，最后创建屋顶。

第 2 篇
设备工程BIM实践

BIM

第 5 章　给排水工程 BIM 实践

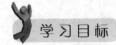
学习目标

知识目标

了解给排水项目样板的特征；

理解管段、管道系统、过滤器的含义；

熟悉常用的管材以及连接管件；

熟悉给排水系统模型创建的流程。

能力目标

合理地进行 MEP 管道设置；

自定义管道类型并进行布管系统配置；

自定义管道系统并进行合理的选择；

绘制与编辑管道；

布置卫浴装置并与管道进行连接；

检查管道的连接；

使用过滤器控制管道的显示；

创建水暖工程模型。

素养目标

养成严谨的工作作风；

培养自主学习的习惯。

工作任务

应用 Revit 进行给排水工程建模流程如图 5-1 所示。

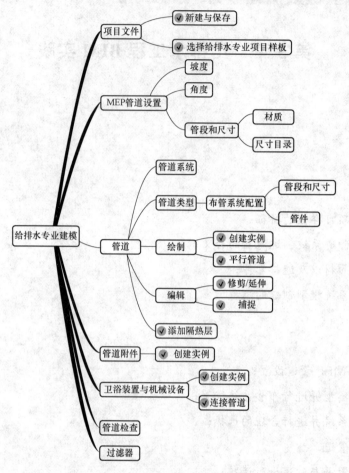

图 5-1　给排水工程建模流程

5.1　概　　述

5.1.1　基础命令

在 Revit 中，给排水系统涉及的类别有管道、管件、管道附件、卫浴装置、机械设备等，创建这些类别实例的命令主要位于功能区"系统"选项卡的"卫浴和管道"区，见图 5-2。

图 5-2　给排水工程建模的主要命令

在进行给排水工程模型创建时，涉及的类别、类型及实例参数、创建规则概括见表 5-1。

表 5-1   给排水工程类别、常用参数及创建规则

类别	主要类型参数	主要实例参数	实例创建规则	实例创建方式
管道	管段、连接方式（管件）	管径、长度、坡度、偏移量、对齐方式	自动连接、继承高程、继承大小、坡度	手绘、自动连接
管道系统	图形替换、材质	—	基于管道系统分类	自动匹配，手动选择
管件	—	管径、偏移量	基于布管系统配置	自动生成
卫浴装置	外形尺寸	偏移量	基于楼板、墙体放置	手动布置
管道附件	外形尺寸、管径	偏移量	拾取管道	手动布置

5.1.2 专业族

在 Revit 软件中，给排水工程建模常用族及载入目录见表 5-2。

表 5-2   给排水工程建模常用族及载入目录

类别	族	载入目录
管道	管道	—
管件	三通、四通、弯头、存水弯、变径过渡等	C：\ ProgramData \ Autodesk \ RVT 2018 \ Libraries \ China \ 机电 \ 水管管件
管道附件	清扫口、过滤器、压力表、水表、地漏、雨水斗、倒流防止器、通气帽等	C：\ ProgramData \ Autodesk \ RVT 2018 \ Libraries \ China \ 机电 \ 卫浴附件
	阀门	C：\ ProgramData \ Autodesk \ RVT 2018 \ Libraries \ China \ 机电 \ 阀门
	水龙头	C：\ ProgramData \ Autodesk \ RVT 2018 \ Libraries \ China \ 建筑 \ 卫生器具 \ 3D \ 常规卫浴 \ 水龙头
卫浴装置	蹲便器、洗脸盆、小便器、浴盆、洗涤盆等	C：\ ProgramData \ Autodesk \ RVT 2018 \ Libraries \ China \ 机电 \ 卫生器具 C：\ ProgramData \ Autodesk \ RVT 2018 \ Libraries \ China \ 建筑 \ 卫生器具 \ 3D \ 常规卫浴
机械设备	热水器、饮水器	C：\ ProgramData \ Autodesk \ RVT 2018 \ Libraries \ China \ 机电 \ 电器
	水泵	C：\ ProgramData \ Autodesk \ RVT 2018 \ Libraries \ China \ 机电 \ 泵
	水箱、分集水器、二次消毒设备	C：\ ProgramData \ Autodesk \ RVT 2018 \ Libraries \ China \ 机电 \ 通用设备 \ 水箱
软管	圆形软管	—
注释符号	管道尺寸标记、管道系统缩写标记	C：\ ProgramData \ Autodesk \ RVT 2018 \ Libraries \ China \ 注释 \ 标记

5.2 管 道 设 置

5.2.1 管道基础设置

为了发挥参数化建模的优势，创建管道之前首先需要进行预先设置，在 Revit 中，部分基础参数通过机械设置完成。

【操作 5.1】管道设置

①打开机械设置：

方法一：单击选项卡"系统→机械设备→机械设置"，见图 5-3。

方法二：单击选项卡"管理→MEP 设置→下拉菜单→机械设置"。

②打开对话框，选择"管道设置"。

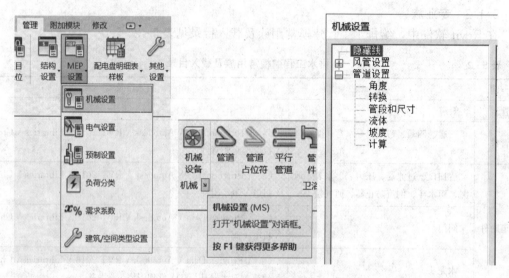

图 5-3　机械设置

机械设置中，给排水工程建模时重点关注一下"管道设置"，其中包括如下参数：

➤角度：指定在添加或修改管道时要使用的管件角度。通常管线横竖布置的都很规范。一般选择使用特定角度，比如 90°、45°。特殊情况下，可以选择"使用任意角度"。

【提示】除了常规的 90°正交，在排水管道中往往采用 45°连接。

➤坡度：管道的坡度大小，将会出现在坡度列表中，便于绘制管道时调用。用户也可以新建坡度，根据需要自定义坡度大小，如图 5-4 所示。

➤管段：这是 Revit 一个重要的概念，包含管道材料、管径、粗糙度几个要素。软件列表中列出了一些基本的管段，包含常见水暖管道的管材、规格及标准。尺寸目录包含管道的公称直径、ID、OD 值，可以用于尺寸列表或调整大小，便于创建管道实例时选择，如果尺寸不满足需求，用户可以自行增减，见图 5-5。

为适应设计的要求，用户也可以基于基本管段新建管段。

【操作 5.2】自定义管段

①新建管段：单击 打开"新建管段"对话框，见图 5-5。

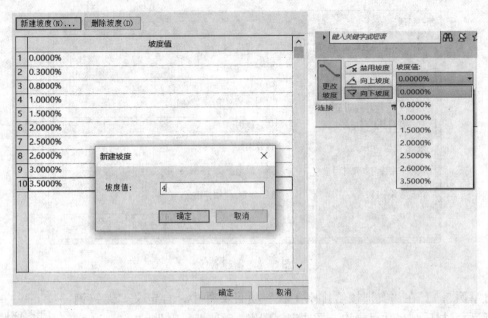

图 5 - 4　坡度设置

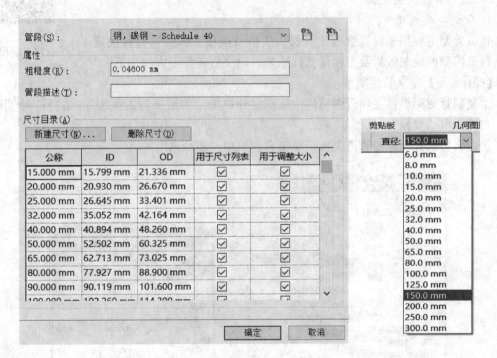

图 5 - 5　管段和尺寸

②选择材质和尺寸目录：选择"规格/类型"→在"材质"和"从以下来源复制尺寸目录"下拉列表中均选择同一种材质，见图 5 - 6。

③命名：在"规格/类型"中输入自定义名称，管段将以"材质＋自定义名称"作为管段的名称，单击"确定"完成管段自定义。

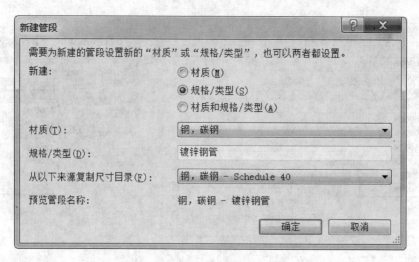

图 5 - 6　新建管段

【举例 5.1】在"实训楼给排水工程"项目文件中，自定义"镀锌钢管"管段，材质、尺寸目录均选择"钢，碳钢 - Schedule 40"。

自定义管段

5.2.2　管道类型定义

1. 管道类型创建

管道类型主要用来设置管道的管材、规格及连接方式，这直接决定了后续管道模型的绘制效果及工程量统计结果，定义管道类型方法如下。

【操作 5.3】定义管道类型：

①复制管道类型：在项目浏览器中依次展开单击"管道→管道类型"，选择一种管道类型，右键菜单"复制"，见图 5 - 7。

②命名：选择新建的管道类型，单击右键菜单"重命名"。

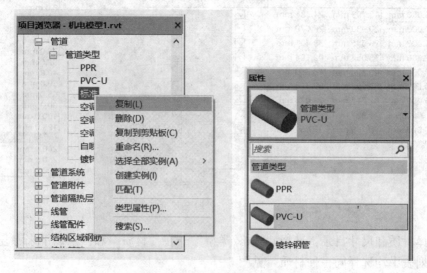

图 5 - 7　定义管道

【举例 5.2】在"实训楼给排水工程"项目中，创建"镀锌管道""PVC‐U""PPR 管道"管道类型。

定义管道类型

2. 布管系统配置

接下来对定义好管道类型进行编辑，通过布管系统配置对管段和管件进行配置。

【操作 5.4】管段配置

①进入管道命令：单击选项卡"系统→管道"，见图 5‐8。

②布管系统配置：属性面板选择自定义的管道类型，单击"编辑类型"打开"类型属性"对话框→单击"编辑"按钮→打开"布管系统配置"对话框。

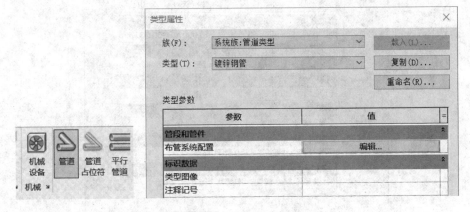

图 5‐8　管道类型编辑

③选择管段：单击"管段"展开下拉列表选择合适的管段，见图 5‐9；用户也可以自定义管段，单击"管段和尺寸"，操作与机械设置创建管段相同，见【操作 5.2】。

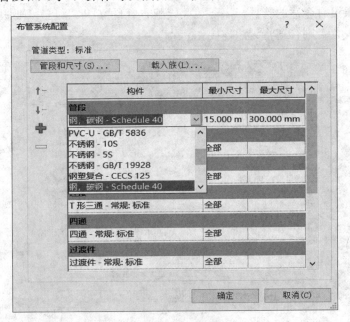

图 5‐9　配置管段

【操作 5.5】管道连接方式配置

①进入布管系统配置，操作同上。

②管件选择：单击"弯头""首选连接件""连接""三通""四通"等→展开下拉列表选择合适的连接管件，见图 5-10。

③尺寸设置：设置管件的最小尺寸及最大尺寸，一般可以直接选择"全部"。

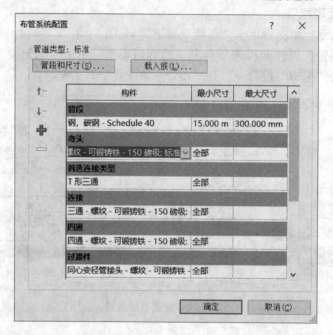

图 5-10　设置管道连接方式

【提示】如果没有合适的管件，需要载入族配置管件（图 5-11）。要根据设计要求进行合理的尺寸设置，否则管道将无法连接。

图 5-11　载入连接管件族

【举例5.3】打开"镀锌钢管"管道类型的布管系统配置，选择"钢-碳钢-明细表40"管段，采用螺纹连接管件。打开"PPR"管道类型的布管系统配置，选择"PE63-GB/T"管段，采用常规连接管件。打开"PVC-U"管道类型的布管系统配置，选择"PVC-U-GB/T 5836"管段，采用顺水三通、四通连接管件。

布管系统配置（标准）　布管系统配置（pvc-u）

5.2.3 管道系统定义

Revit 软件中将彼此连接的管道及管件、附件看作是一个"管道系统"，为了更方便地对模型进行管理及显示，在创建管道时需要先定义管道系统。管道系统默认的分类有：卫生设备、家用冷水、家用热水、干式消防系统、湿式消防系统、预作用消防系统、其他消防系统、循环供水、循环回水、通风孔、其他。见表5-3，不同专业的管道对应不同的管道系统分类。

表5-3　　　　　　　　　　　　　管道系统分类

管道系统分类	管道专业
家用冷水	给水管道
卫生设备	排水管道
家用热水	热水管道
循环供水	空调供水
循环回水	空调回水
干式消防系统、湿式消防系统、预作用消防系统、其他消防系统	消火栓、自动喷淋系统

管道系统分类用户是无法更改的，只能在某一个分类下建立系统类型。建立管道系统类型的方法如下。

【操作5.6】管道系统类型的定义与应用

①创建管道系统：在项目浏览器选择一个系统分类→右键菜单"复制"创建一个新的系统类型→选择新创建的系统类型，右键菜单"重命名"，见图5-12。

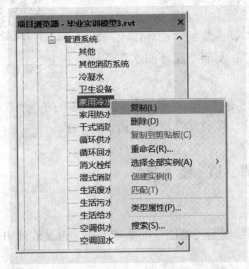
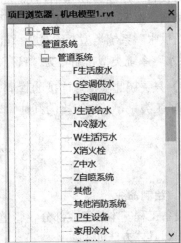

图5-12　自定义管道系统类型

②管道系统属性编辑：双击新建的系统类型打开"类型属性"对话框，用户可以对系统的材质、计算、缩写等参数进行设置，通过"图形替换"可以对系统颜色进行设置，单击"确定"完成系统类型的自定义，见图 5-13。

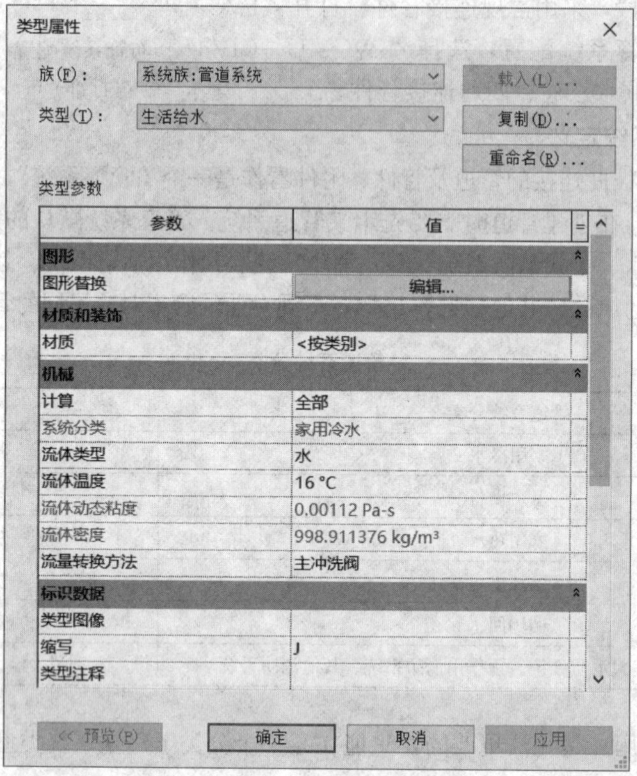

类型属性		×
族(F)：	系统族:管道系统	载入(L)...
类型(T)：	生活给水	复制(D)...
		重命名(R)...

类型参数

参数	值
图形	
图形替换	编辑...
材质和装饰	
材质	<按类别>
机械	
计算	全部
系统分类	家用冷水
流体类型	水
流体温度	16 °C
流体动态粘度	0.00112 Pa·s
流体密度	998.911376 kg/m³
流量转换方法	主冲洗阀
标识数据	
类型图像	
缩写	J
类型注释	

[<< 预览(P)]   [确定]   [取消]   [应用]

图 5-13   管道系统编辑

【举例 5.4】自定义管道系统类型。复制"家用冷水"新建"J生活给水系统""Z中水系统"的系统类型，缩写分别为"J""Z"；复制"卫浴设备"新建"W生活污水""F生活废水""N空调凝结水"系统类型，缩写分别为"W""F""N"；复制"循环供水"新建"G空调供水"系统类型，缩写为"G"；复制"循环回水"新建"H空调供水"系统类型，缩写为"H"。

自定义管道系统类型

【提示】只要彼此有物理连接的管道、附件等，其系统类型均是统一的，修改其中某一段管道的系统类型，与之连接的其他管道、附件均会同步变化。

5.3 管 道 绘 制

5.3.1 绘制命令

作为设备工程基本的组成部分，管道绘制是模型创建的基本工作，也是软件中比较复杂的一项操作，具体方法如下。

【操作 5.7】管道绘制

①命令：选项卡单击"系统→管道"（图 5 - 8），快捷键"PI"。

②选择合适的管道类型。

③实例属性：如图 5 - 14 所示，选择管道系统类型，设置实例参数。

④选择绘制规则。

⑤鼠标进入绘图区，第一次点击鼠标确定管道的起点，当鼠标移动到管道变径、转向等位置时，单击鼠标确定管道的中间节点，重复上述过程可以连续绘制管道，按 ESC 结束命令，管道终止。终点。见图 5 - 14。

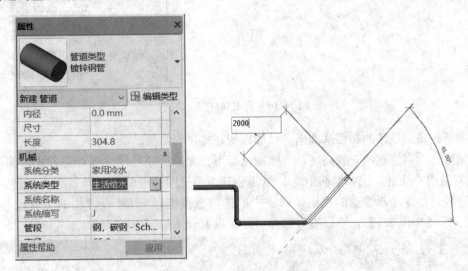

图 5 - 14　管道实例参数及绘制

【提示】（1）每次进入管道命令后，对应的是上一次选择的管道系统类型，需根据需要随时进行修改。

（2）在平面视图中，绘制管道时会有长度及角度提示。在移动鼠标过程中直接输入管道长度后按回车键可以确定管道的下一个节点，见图 5 - 14。

（3）一次管道命令能够创建连续的管道，软件会在节点处自动生成管件进行前后管道的衔接。

（4）当绘制管道时无法放置节点并出现错误标记时（图 5 - 15），说明管道的连接管件存在问题，需要重新进行布管系统配置。

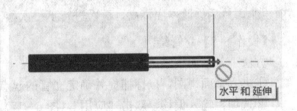

图 5 - 15　管道绘制错误提示

5.3.2　管道属性

管道的实例参数包括偏移、对正方式、偏移、管径等，其含义及设置要求如下。

➤水平对正：分为中心、左、右对正三种情况，一般选择中心对正。

➤垂直对正：中心、底、顶对齐三种情况，一般选择中心对齐，排水管道可以选择底对齐，见图 5 - 16。

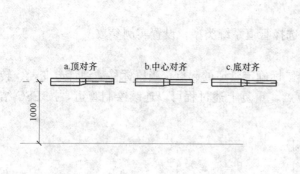

图5-16　管道垂直对正方式

➤参照标高：偏移的参照基准面。一般以所在楼层为参照。

➤偏移：绘制管道的安装高度，直接输入即可。无论选择哪种垂直对正方式，偏移均是定位在管道中心线处，比如偏移1000，管道创建效果见图5-16。

➤直径：控制绘制管道的规格，列表中的选项数值通过MEP设置中的"管段和尺寸"预设后（见【操作5.1】），可以直接选择。如果没有合适的，也可以输入。

【提示】（1）进入绘制命令后，在属性面板或选项栏均可设置"直径"和"偏移"这两个参数，见图5-17。

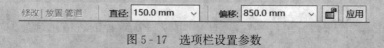

图5-17　选项栏设置参数

（2）创建的管道其偏移量是以参照标高为基础，正值表示在参照标高以上，负值表示在参照标高以下。

（3）软件支持绘制过程中修改偏移和直径，会自动生成立管连接偏移量不同的水平管道。

（4）在一次绘制命令中，参照标高只能设置一次。如果想修改参照标高，需要结束当前绘制，然后修改参照标高，再次进行下一次绘制命令。

【操作5.8】立管绘制

方法一：平面图绘制立管。

①进入平面视图，鼠标捕捉并确定立管的起点。

②选项栏输入偏移，双击"应用"（图5-17），完成绘制。

方法二：立面图绘制立管。

①进入立面视图，单击鼠标确定立管起点，再次单击鼠标确定立管终点。

【举例5.5】在"实训楼给排水工程"项目中，绘制图5-18所示中水管道。管道类型选择"PPR"，管道系统类型选择"Z中水系统"。绘制ABC管段，偏移4000；绘制DEF管段，偏移修改为800，自动生成立管CD；绘制GH管段，偏移修改为1000，自动生成立管FG。

绘制中水管道

【提示】绘制平面管道时，管线在平面上可以先大体确定位置，后续再进行精确定位。

5.3.3 管道绘制规则

在 Revit 中，当执行管道命令时，需要遵守一定的创建规则。进入"管道"命令后，上下文选项卡会有如图 5-19 所示选项。

➤自动连接：相同标高的管道如果发生碰头时，可以自动连接在一起 [Revit 自动生成管件见图 5-20 (a)]，否则作为碰撞点处理 [图 5-20 (b)]。

➤继承高程：绘制的管道与所捕捉管道具有相同的高程，否则按照设定的偏移量绘制，并借助立管连接。

➤继承大小：绘制的管道与所捕捉管道具有相同的管径大小。否则按照设定的管径绘制，并借助管件连接，一般用于在主管上绘制支管。

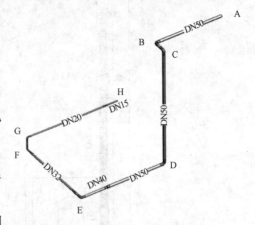

图 5-18 绘制中水管道举例

图 5-19 管道绘制规则

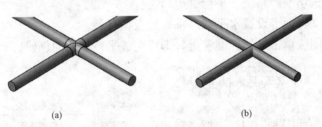

(a)　　　　　　　　　(b)

图 5-20 自动连接

(a) 开启自动连接；(b) 关闭自动连接

➤坡度：分为禁用、向上、向下坡度三种情况。一般管道选择禁用坡度。排水选择向上坡度。

【提示】(1) 连续绘制的管道需要设置相同的坡度值，不同坡度的管道一般无法直接连接。

(2) 绘制排水管道与已有管道连接时，需要开启"继承高程"，否则系统会报错。

(3) 如果绘制的管道不可见，需要对视图范围进行设置，将"视图深度"和"底部"均设置在排水管道安装高度以下，详见【举例2.6】。

【举例 5.6】在"实训楼给排水工程"项目中，绘制图 5-21 所示带坡度的排水管道，管道类型采用"PVC—U"，管道系统选择"W 生活污水"，坡度设置为 1.5%，起点偏移−600。沿逆坡方向绘制。

绘制污水管道

5.3.4 平行管道绘制

对于互相平行的多根管道，可以使用"平行管道"命令绘制，它

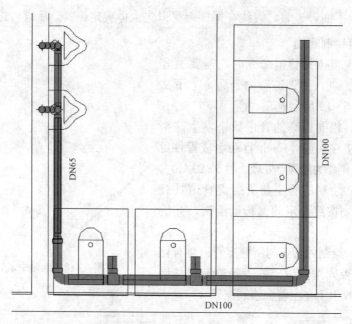

图 5 - 21　排水管道绘制举例

既可以进行水平管道的创建，又能完成竖向管道的创建，尤其是管道走向复制时，操作尤其方便。可以先画出一根管道作为标准。

【操作 5.9】平行管道绘制

①命令：单击选项卡"系统→平行管道"，见图 5 - 22。

②规则：上下文选项卡设置水平数、垂直数及偏移量。

③绘制：在绘图区单击选择标准管道，即可完成平行管道的创建。

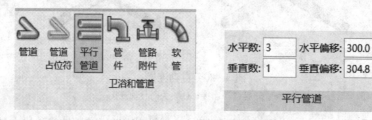

图 5 - 22　平行管道命令

【提示】单击选择标准管道，创建的平行管道与标准管道完全相同；通过 Tab 键成组选择管道系统，可以创建出连续的平行管道，如图 5 - 23 所示。对于走向复杂的管道，后者更为方便。该命令在三维视图中也可使用。

【举例 5.7】在"实训楼通风空调工程"项目中，借助"平行管道"命令绘制空调水主管道，管道类型选择"镀锌钢管"，管道系统分别选择"N 空调凝结水""H 空调回水""G 空调供水"，起点偏移4100，见图 5 - 24。

绘制空调水主管道

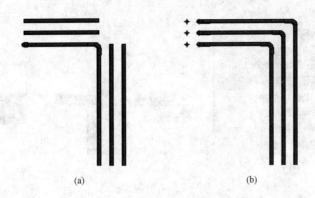

图 5-23　平行管道绘制效果

(a) 单选一段管道；(b) 选择管道系统

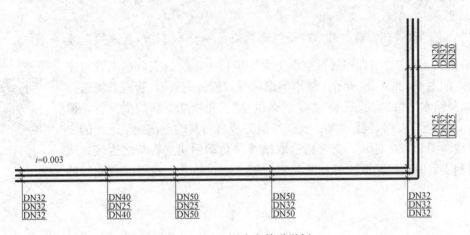

图 5-24　空调水主管道举例

5.3.5　管道编辑

模型创建是一个不断调整优化的过程，对已经创建的管道进行修改是不可避免的，选中管道实例，可以采用多种方法进行编辑，在属性面板及绘图区进行基本的图元编辑，比如修改偏移、管径、长度、坡度等。当修改某一段管道的偏移量，其他管道能够同步随之变化，管道之间继续保持连接。

除此之外，还可以采用下面的方法修改管道。

【操作 5.10】管道基本编辑

①属性面板或者选项栏编辑：修改偏移、管道类型、管道系统类型、管径、对齐方式等。

②继续绘制管道：在管道端点处单击右键打开菜单，可以完成管道相关的操作，比如"绘制管道"，可以创建新的管道与当前管道衔接起来。见图 5-25 (a)。

③直接拖动管道的端点进行修改，见图 5-25 (b)。

④绘图区编辑：选择一段管道，修改端点的偏移量，适合于在立面图或三维视图中修改立管的起止点位置，见图 5-25 (c)。

⑤单击上下文选项卡修改坡度、对正等。

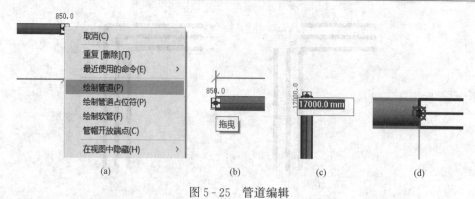

图 5 - 25　管道编辑

（a）继续绘制管道；（b）拖拽管道；（c）修改管道偏移量；（d）管道连接

【提示】（1）绘制管道时，只有管道连接处出现红色圆圈标记时，才说明实现了真正的连接，见图 5 - 25（d）。

（2）已经创建的管道，其坡度受标高约束，一般通过修改标来控制坡度。

【举例 5.8】在"实训楼通风空调工程"项目中，绘制空调水支管与主管连接，如图 5 - 26（a）所示。管道类型选择"镀锌钢管"，管道系统选择"N 空调凝结水""H 空调回水""G 空调供水"。先绘制上面的横支管，偏移 4500，管径 DN20，间距 300；支管绘制完成后将其端点拖拽至下面的主管中心线［图 5 - 26（b）］，支管将拾取横管并自动创建立管与之连接。或者在绘制支管时直接拾取主管作为终点［图 5 - 26（c）］，也可实现同样的效果。

空调水管道
连接

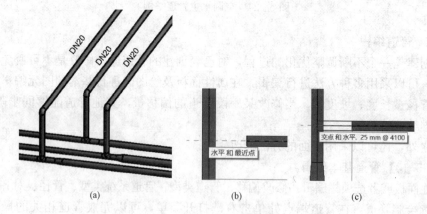

图 5 - 26　管道自动连接

（a）空调水支管绘制效果；（b）拖拽支管连接主管；（c）捕捉主管绘制支管

实际工程项目中，水暖管道往往比较复杂，借助 Revit 软件中的部分修改命令，比如对齐、修剪、复制等，可以大大提高建模速度。这些建模技巧需要用户不断积累，不断提高软件的工作效率。

【操作 5.11】使用"对齐"对管道进行精确定位

①命令：单击上下文选项卡 。

②对象选择：先选择管道实例，再选择定位线，比如 CAD 图纸中的管线，完成对齐。

【操作 5.12】使用"修剪/延伸为角"连接管道

①命令：单击上下文选项卡 ▇ 或者 ▇。

②拾取管道：依次选择待连接的两段管道，Revit 会自动创建管件完成连接。

【提示】应用"修剪"命令时，如果待连接的两段管道发生交叉，在连接时默认将后选择的管道打断。

【拓展 5.1】在"实训楼通风空调工程"项目中，创建图 5 - 27（c）所示空调水支管。先绘制三根横管（同【举例 5.8】），然后绘制立管，选择"继承高程"，拾取上面的横管作为立管的起点 [图 5 - 27（a）]，偏移输入4200，确定立管的终点。接下来使用"对齐"命令，在平面视图中将立管与下面的主管对齐。最后在三维视图中，使用修剪命令连接立管与主管，见图 5 - 27（b）。

空调水管道
修剪

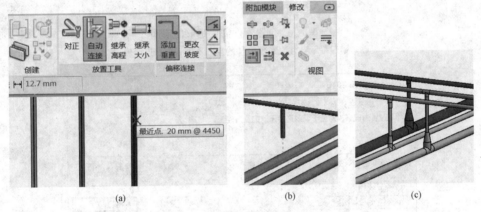

图 5 - 27　选择继承高程绘制立管

(a) 拾取横管创建立管；(b)"修建"连接管道；(c) 空调水管道创建举例

【提示】(1) 当绘图区出现"最近点，捕捉管道的管径@捕捉管道的偏移"提示时 [图5 - 26（c）、图 5 - 27（a）]，说明新绘制的管道成功连接到已有管道。

(2) 应用 Revit 进行建模时，借助对齐命令可以让管线进行的准确定位，这样能够大大地提高管道建模的效率。需要连接的两段管道，一般先在平面视图中进行对齐，使它们位于同一立面上，这样会方便后续的连接。

(3) 为了便于观察，绘制管道时可以将多个视图平铺，见【操作 2.17】。

5.3.6　管件

1. 管件创建

管道绘制时会自动生成连接的管件，一般不需要用户单独创建，管件的具体类型和管道类型"布管系统配置"有关。软件不仅能够自动生成管件，当修改管变化后，比如修改管径，原有的管件也会同步调整。

【提示】

（1）布置管件需要足够的空间，因此在放置管件的部位，管道长度不能太短［图 5 - 28 （b）］，否则会连接失败，出现"找不到自动布线解决方案"的错误提示，见图 5 - 28 （a）。这时可以先将管道与管件之间的距离拉大［图 5 - 28 （c）］，等连接完成之后，再对管道的位置进行调整，方便管道和管件的连接。

（2）选择对象后按方向键可以调整对象的位置，在移动管道位置或者修改偏移量时，如果出现"风管/管道已修改为位于导致连接无效的反方向"的提示框（图 5 - 29），说明移动的距离或者偏移量变化的太大，导致管道越过了某个附件或者设备，这时需要减小位移或偏移量的变化值。

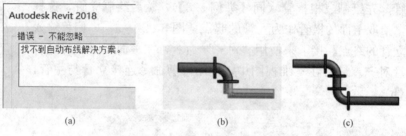

(a) (b) (c)

图 5 - 28　布置管件需要足够的空间

（a）错误提示；（b）布置管件的空间不够；（c）连接成功

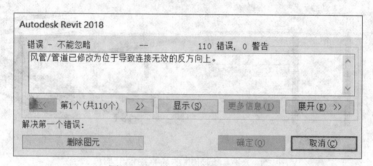

图 5 - 29　位移过大导致的错误

2. 管件调整

管件创建完成后，有时需要进行调整，比如调整管件的姿态，修改其类型，或者进行不同管件之间的转换。管件调整方法如下。

【操作 5.13】管件编辑

①管件姿态调整：选择管件，在绘图区单击⟺调整水平的方向，单击↻调整纵向的翻滚，如图 5 - 30 所示。

图 5 - 30　管件姿态调整

②弯头变三通：点击需要修改的弯头，单击弯头旁的"+"，则会在对应的方向生成三通的接口，见图 5-31。类似的方法还能实现三通与四通之间的互相转换。

③三通变弯头：选中一端未连接的三通，鼠标单击三通旁的"-"。

图 5-31 弯头与三通的转化

④管件替换：选择需要修改的管件，在属性面板的类型选择器直接选择其他的族类型进行替换，见图 5-32。

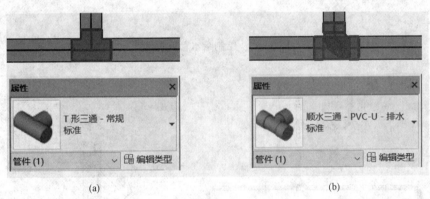

(a) (b)

图 5-32 T 形三通转换为顺水三通

(a) T 形三通；(b) 顺水三通

【举例 5.9】在"实训楼给排水工程"项目中，绘制图 5-33 所示给水管道。管道类型采用"PPR"，管道系统选择"J 生活给水"。首先绘制 ABC 管段，偏移 4000；绘制 DE 管段，偏移 400；在 B 处将弯头转为三通，继续绘制管段 BF；在 F 处将弯头转为三通，继续绘制管段 FG，管段 GH 偏移 400；继续绘制管段 FJ，管段 JK 偏移 500；最后绘制管段 LM，偏移 1000。

绘制给水管道

【提示】绘制管道 LM 时，需要先在支管上捕捉到 L 点，当出现"最近点 捕捉管道的管径@捕捉管道的偏移"提示时，说明新绘制的管道成功连接到已有管道。

绘制废水管道

【举例 5.10】在"实训楼给排水工程"项目中，绘制图 5-34（a）所示排水管道，管道类型采用"PVC-U"，管道系统选择"W 生活废水"，坡度设置为 1.5%，起点偏移-800。

【拓展 5.2】不同坡度管道的连接方法。上面的例子中，由于 B 处左右两侧支管的坡度方向相反，普通的顺水四通管件只能连接一侧的管道。

从 A 处开始绘制到 B 处后，在 B 处需要沿 45°方向绘制管道生成顺水三通［图 5 - 34（b）］，然后变换为四通，再继续绘制左右两侧管道。

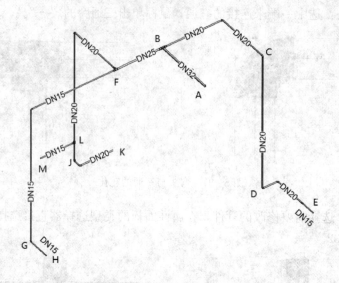

图 5 - 33　绘制给水管道举例

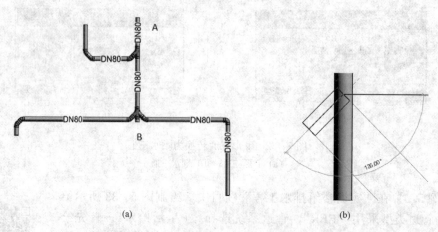

(a)　　　　　　　　　　(b)

图 5 - 34　沿 45°方向连接排水管道

(a) 废水管道创建举例；(b) 顺水三通创建

5.3.7　添加隔热层

创建管道完成后，根据设计的需要，可以为管道添加隔热层。

【操作 5.14】管道添加隔热层

①命令：选择一段管道，点击上下文选项卡"添加隔热层"，见图 5 - 35。

②属性设置：通过"编辑类型"可以对隔热层进行重命名、设置材质。单击"确定"完成隔热层添加。

管道添加隔热层

【提示】借助明细表可以批量为管道添加隔热层，方法详见【拓展 11.1】。

图 5 - 35　添加隔热层

【操作 5.15】隔热层编辑

①命令：选择创建隔热层的管道，点击上下文选项卡"编辑隔热层"，见图 5 - 36。

②属性编辑：在属性面板可以修改隔热层的厚度，通过"编辑类型"可以设置隔热层的材质。

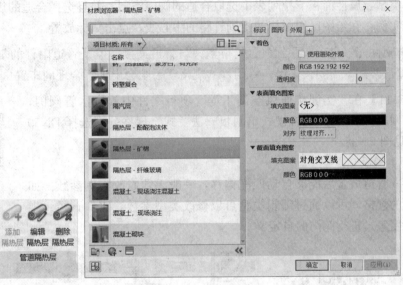

图 5 - 36　编辑隔热层

【提示】添加隔热层后的管道就难以被选择，此时可以将隔热层透明化显示，方法是进入视图的"可见性/图形替换"，在"模型类别"中将"管道隔热层"的半色调勾选，见图 5 - 37。

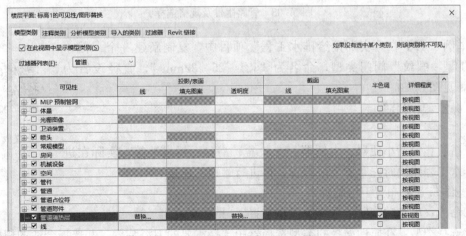

图 5 - 37　管道隔热层半色调设置

5.4　附件及设备

5.4.1　阀门布置

1. 阀门放置

管路附件是水暖管道中不可缺少的组成部分，Revit 默认的管路附件包括地漏、水表、阀门、清扫口等。当管道创建完成后，可以在管道上布置相关的管路附件。以阀门为例，添加管路附件的方法如下。

【操作 5.16】创建管路附件

①命令：选项卡单击"系统→管路附件，见图 5 - 38"。

②选择类型：属性面板下拉列表中选取合适的阀门类型，并且选择合适的规格。

③放置实例：在绘图区用鼠标捕捉到管路的中心线，点击鼠标放置。

【提示】附件能够自动布置到放置的位置并与管道连接，但是管道附件的规格无法自动与放置的管道匹配，需要预先设定好附件的规格，否则会出现不合理的布置。

【举例 5.11】在"实训楼通风空调工程"项目文件中放置水管阀门，类型选择"闸阀 - Z41 型 - 明杆楔式单闸板－法兰式"规格分别选择 DN50 和 DN80，见图 5 - 38。

创建管路
附件

2. 阀门类型及参数

阀门拾取管道放置后能够自动匹配偏移，一般无须修改实例参数。如果没有合适的规格，可以通过编辑类型可以修改类型参数，比如直径、半径、阀门长度等，进行阀门的自定义。

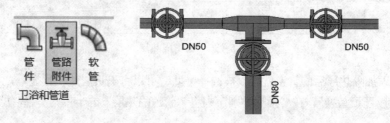

图 5 - 38　管路附件及规格选择

【举例 5.12】在"实训楼给排水工程"项目中，复制新建一个"截止阀 - J21 型 - 螺纹"阀门类型，命名为"J21 - 25 - 32mm"，直径设置为 32mm，见图 5 - 39。

定义阀门
类型

5.4.2　卫浴装置

1. 卫浴装置创建

卫浴装置包括小便器、大便器、洗脸盆、浴盆、污水池等。实际在进行给排水工程建模时先布置卫浴装置，再进行管道的连接。

【操作 5.17】布置卫浴装置

①命令：单击功能区"系统→卫浴装置"，见图 5 - 40。

②选择类型：在属性面板的类型选择器中选择需要的卫浴装置，并选择合适的规格。

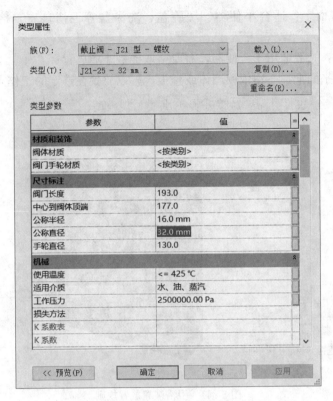

图 5-39　新建阀门类型

③实例属性：在属性面板中设置卫浴装置的偏移量。

④创建规则。

⑤在绘图区单击左键进行放置。

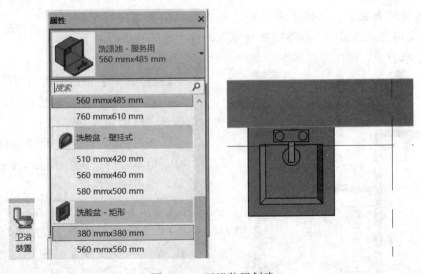

图 5-40　卫浴装置创建

如图 5-41 所示，卫浴装置在放置时有以下几种规则。

➤放置在垂直面上：适合小便器、洗脸盆、洗涤盆等卫浴装置，拾取墙体才能完成放置；

➤放置在面上：一般适用于大便器，需要拾取楼板才能放置；

➤放置在工作平面上：不用依赖墙体或楼板，可以放置在选定的工作平面上。

【提示】卫浴装置放置时需要链接并显示土建工程模型。

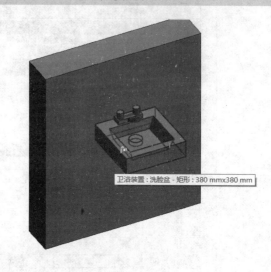

卫浴装置：洗脸盆 - 矩形：380 mm×380 mm

图 5-41　卫浴装置放置规则

【举例 5.13】如图 5-42 所示，在"实训楼给排水工程"项目中，放置"洗脸盆—矩形""蹲便器—自闭式冲洗阀"以及小便器等卫浴装置。

2. 卫浴装置连接管道

卫浴装置放置完成后，接下来需要将卫生器具与管道进行连接。Revit 软件支持自动连接和手动绘制两种方式，自动连接通常适用于卫浴装置的给水管道，操作方法如下。

布置卫浴装置

【操作 5.18】卫浴装置与管道自动连接

①命令：选择卫浴装置后，单击上下文选项卡"连接到"，见图 5-43。

②在对话框中选择一种连接件类型。

③拾取管道：在绘图区选择相应的给水管道，即可完成连接。

【提示】为了实现卫浴和管道的连接，给排水管道要正确选择管道系统，给水管道的系统分类要属于"家用冷水"，排水管道的系统分类要属于"卫生设备"。否则无法正确连接。

图 5-42　放置卫浴装置

【举例 5.14】在"实训楼给排水工程"

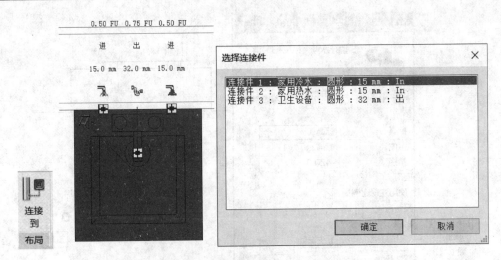

图 5-43　卫浴设备与给排水管道自动连接

项目中将洗脸盆连接"J 生活给水"管道。

　　对于排水管道，与卫浴装置往往难以实现自动连接。这时需要手动完成连接，即以卫浴装置的出水口为起点绘制管道。对于多数卫生器具，在绘制排水短立管后，通常还需要先布置存水弯，再与横支管连接。具体操作方法如下：

卫浴装置连接
给水管

　　【操作 5.19】卫浴装置手动连接管道

　　①创建管道：选中卫浴装置，单击旁边的出水连接件符号 ，移动鼠标开始手动绘制管道，见图 5-44。

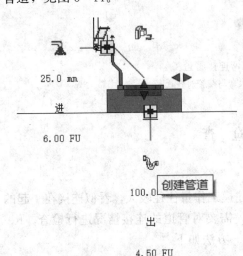

图 5-44　卫浴装置连接排水管道

　　②放置存水弯：单击功能区"系统→管件"→移动鼠标捕捉短立管端点，使存水弯与之连接，然后点击旁边的 将存水弯调整到合理的放置方向，见图 5-45。

　　③绘制后续的管道：接下来从存水弯的另一端继续向下绘制管道（参考【操作 5.10】），与横支管完成连接，方法同上。

　　【举例 5.15】在"实训楼给排水工程"项目中，创建图 5-46（a）所示卫浴装置并进行管道连接。将存水弯旋转至一定的角度，将底部横管与之在平面上对齐 [图 5-46（b）]，

卫浴装置
连接排水管

进入剖面视图，从存水弯出水口向下绘制立管并与底部横管连接。

　　【提示】由于排水管道具有坡度，一般借助修剪命令在立面上完成管道最后的连接。

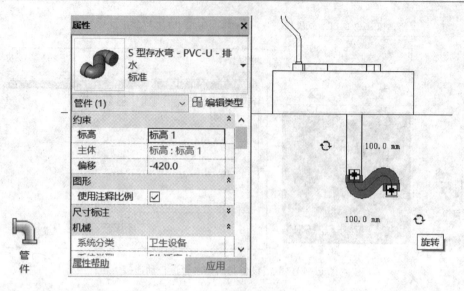

图 5 - 45 布置存水弯

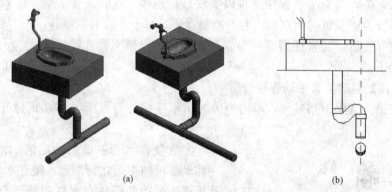

图 5 - 46 卫浴装置存水弯连接管道
(a) 大便器及管道；(b) 存水弯与横管对齐

5.5 管 道 检 查

5.5.1 隔离开关

管道作为建筑水暖系统中的主要组成部分，其建模工作量往往较大，看似连接在一起的管道，实际上可能是断开的。为了提高模型的质量，需要对管道的连接情况进行检查，Revit 提供了这样的功能，可以快速地对管道进行检查。方法如下。

【操作 5.20】管道检查，显示管道隔离开关

①命令：单击选项卡"分析→显示隔离开关"，见图 5 - 47。

②选择检查类别：打开"显示断开连接选项"对话框，勾选"管道"，单击"确定"。管道断开的位置会出现提示，见图 5 - 48。

5.5.2 系统浏览器

当管道模型创建完成后，可以通过系统浏览器查看每个管道系

显示管道隔离开关

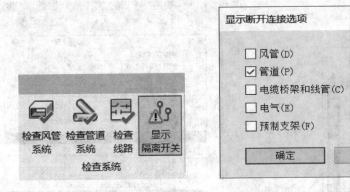

图 5-47　显示隔离开关

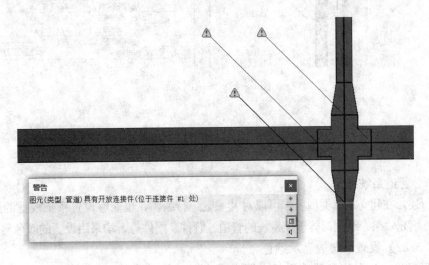

图 5-48　管道检查

统的组成详情，以此对模型中的管道系统进行检查。

【操作 5.21】查看系统浏览器

①打开系统浏览器，见【操作 2.5】。

②选择系统浏览器视图：打开系统浏览器，可以根据规程选择系统浏览器的视图，比如机械、管道等。

③查看：单击"＋"可以展开并查看系统类型的组成，选择系统名称后将会在绘图区对其框选显示。展开系统名称可以查看包含的设备实例，单击选择后绘图区会高亮显示，见图 5-49。

④操作：通过右键菜单进行相关的操作，比如显示、删除、属性等，如果在系统浏览器对某一项内容执行删除操作，相应的图元也将被删掉。

【举例 5.16】在"实训楼给排水工程"项目中，使用系统浏览器查看管道系统。

查看管道系统

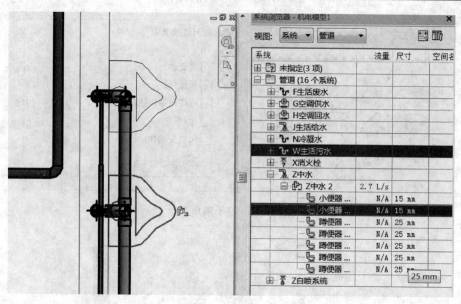

图5-49　系统浏览器

5.6　视　图　控　制

5.6.1　管道系统显示

如前所述，在建立系统类型后，可以对其参数进行编辑，也能够设置系统线框的显示效果，包括颜色、填充效果、线宽。属于该系统的管道、管件、附件等，均采用设置的颜色显示。

【操作5.22】设置系统的显示颜色

①图形替换：项目浏览器选择某个管道系统→双击打开"类型属性"对话框，单击"图形替换"旁的"编辑"，见图5-50。

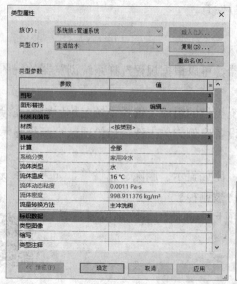

图5-50　管道系统颜色设置

②显示效果设置：打开"线图形"对话框，选择线宽、颜色及填充图案，单击"确定"；回到"类型属性"对话框单击"确定"。

【举例 5.17】在"实训楼给排水工程"项目中，将"Z 中水"和"W 生活污水"两个系统分别用不同的颜色显示，见图 5-51。

5.21 管道系统显示

5.6.2　过滤器

通过管道系统的图形替换只能设置线框的显示效果，且无法对系统的可见性进行控制，如果想实现更全面的视图控制，可以使用过滤器。

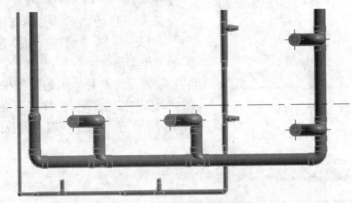

图 5-51　管道颜色显示效果

【操作 5.23】过滤器应用

①新建过滤器：打开某个视图的"可见性/图形替换"对话框，进入"过滤器"选项卡单击"新建"→打开"过滤器"对话框，单击🗋新建一个过滤器并命名，见图 5-52。

②设置过滤条件：在"过滤器"对话框中选择要筛选过滤的类别，设置过滤规则，如图 5-53 所示。

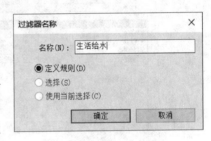

图 5-52　过滤器命名

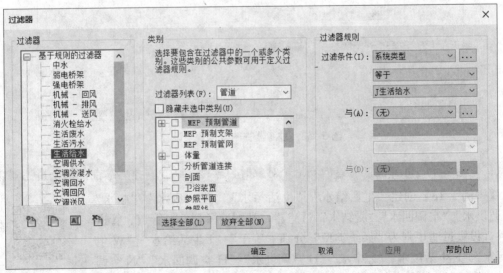

图 5-53　设置过滤条件

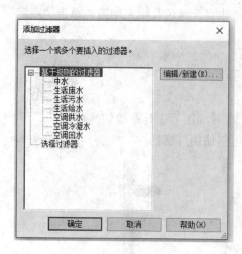

图 5-54　添加过滤器

③过滤器添加：回到"可见性/图形替换对话框"，单击"添加"→打开"添加过滤器"对话框，选择已经创建的过滤器，单击"确定"，见图 5-54。

④可见性及显示效果控制：选择添加的过滤器，设置其可见性及视图效果，见图 5-55。

【提示】（1）在 Revit 中，设备工程模型各个专业管线的过滤条件一般可以选择"系统类型"，因此不同专业的模型构件务必要设置相匹配的系统类型。

（2）过滤器对显示的控制仅对当前视图生效，且在"真实"视觉样式下无效。在管道系统中设置的显示效果则对全部视图都能够生效。

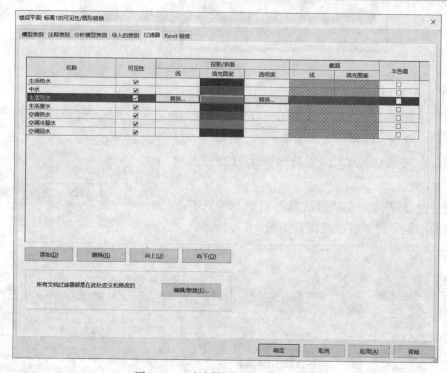

图 5-55　过滤器视图显示效果设置

（3）当多个过滤器能同时过滤同一个对象时，软件默认执行排序靠前的那个过滤器。

【举例 5.18】创建"生活给水""生活污水""生活废水""中水""空调供水""空调回水""凝结水"过滤器。类别选择管件、管道、管道附件，设置过滤规则为"系统类型"分别"等于""J 生活给水""W 生活污水""F 生活废水""Z 中水""G 空调供水""H 空调回水""N 空调凝结水"，通过上述过滤器进行视图控制，显示效果如图 5-56 所示。

创建管道过滤器

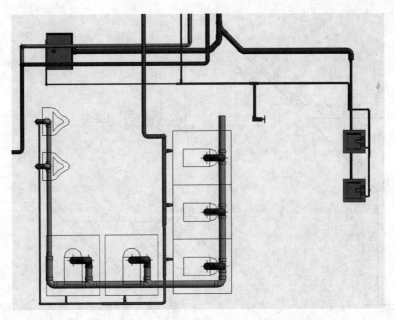

图 5 - 56　过滤器显示效果

5.7　给排水专业模型创建实例

5.7.1　项目导入

1. 任务简介

本工程为某实训楼给排水系统，其给排水系统包括室内生活给水系统、室内生活排水系统。根据图纸对给排水工程进行 BIM 建模。Revit 模型完成效果见图 5 - 57。

2. 建模所需资料

（1）给排水专业 CAD 设计施工图纸，见图 5 - 58、图 5 - 59。

（2）项目建筑模型文件，已经创建完成，见第 4 章。

5.7.2　建模步骤

1. 给排水施工图识读及项目设置

建筑层高为 5.4m，排水系统主要集中在卫生间内，卫生器具包括洗脸盆、蹲便器、小便斗、开水器等，给排水系统包括自来水和中水系统，采用直接供水方式。给水管采用 PPR 管，热熔连接，阀门采用铜质截止阀；排水管道采用 PVC 管材，热熔顺水连接。根据上述条件对项目文件进行如下设置：

➤载入项目需要的构件族，比如卫浴装置、存水弯、管件等。

➤设置视图范围：－1000 至 5400。

➤系统及类型定义：

（1）管道系统定义：生活给水系统、生活污水系统、生活废水系统、中水系统。

（2）管道类型定义：PPR 管道，热熔连接（生活给水及中水）；PVC 管，热熔顺水连接（污水及废水）。

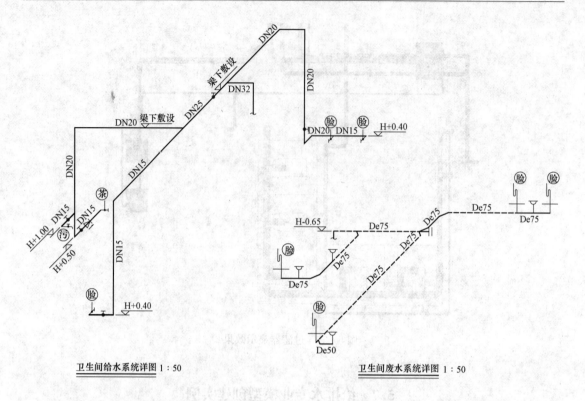

卫生间给水系统详图 1∶50　　　　卫生间废水系统详图 1∶50

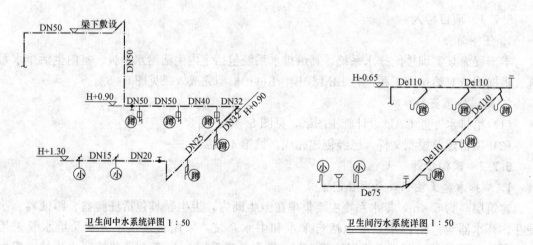

卫生间中水系统详图 1∶50　　　　卫生间污水系统详图 1∶50

图 5-57　给排水系统图

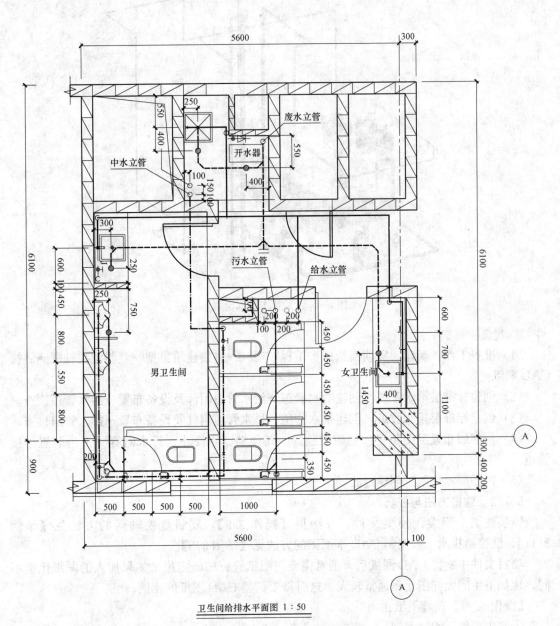

卫生间给排水平面图 1：50

图 5-58　给排水工程平面图

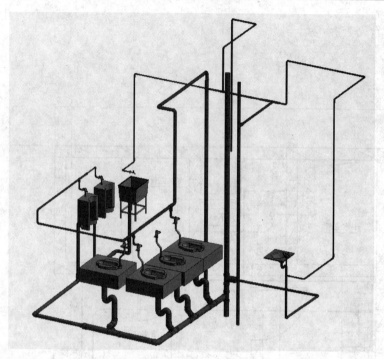

图 5-59　给排水工程模型

2. 建模步骤

（1）准备工作：新建"实训楼给排水工程"项目→链接建筑模型→复制监视轴网→链接 CAD 图纸。

（2）创建标准层给水系统：创建给水管道→给水管道附件及设备布置→给水管道检查。

（3）创建标准层排水管道：创建排水管道→排水管道附件及设备布置→排水管道检查。

（4）标准层布置卫浴装置：创建洗脸盆、蹲便器、小便斗、开水器等→卫浴装置连接管道。

（5）视图显示控制：创建过滤器。

5.7.3　建模方法与技巧

链接建筑工程案例模型文件，方法见【操作 3.9】，复制监视轴网的方法见【举例 3.11】，链接给排水工程案例 CAD 平面图的方法见【举例 3.3】。

项目文件中链接 CAD 图纸后，通常需要对图纸进行精确定位。如果加入的图纸比例不同，比如卫生间大样图比例通常较大，这时需要调整 CAD 图纸的比例。

【操作 5.24】调整图纸比例

①选中图纸，编辑类型；

②属性：在类型属性中调整"比例系数"，见图 5-60。

【举例 5.19】在"实训楼给排水工程"项目中链接"给排水工程案例"CAD 图纸，比例系数可以设置为 0.5，保证各专业图纸在软件中的比例一致。

【操作 5.25】图纸精确定位

①选择链接的图纸并解锁；

调整图纸比例

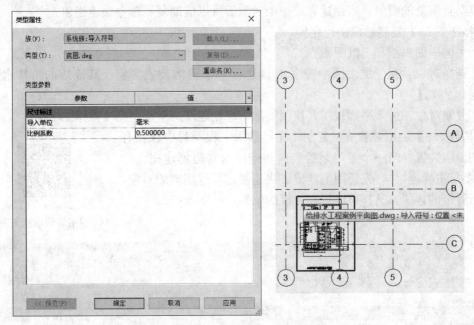

图 5-60　CAD 图纸比例调整

②对齐轴线：进入"对齐"命令，依次选择模型和图纸上相对应的两根纵轴，先进行横向的对齐。再依次选择模型和图纸上相对应的两根横轴，进行纵向的对齐，完成图纸定位，见图 5-61。

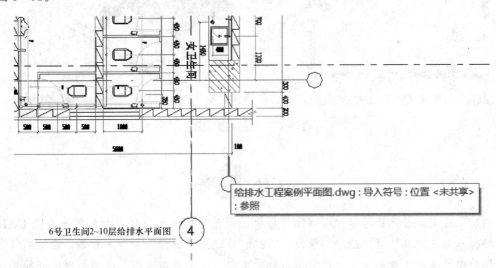

图 5-61　图纸定位

【举例 5.20】在"实训楼给排水工程"项目中链接"给排水工程案例"CAD 图纸，将图纸与模型的轴网对齐。

给排水模型创建详见本章实例。管道的建模需要一定的经验，通过不断练习，逐渐积累管道绘制的技巧，加快建模的速度与精度。在建模时既要保证完成连接，又要节省空间和管材。为了提高建模效率，对于

图纸精确定位

比较复杂且重复的对象，当创建完成一个对象后可以借助复制命令快速创建。

【操作5.26】复制对象快速建模

①平铺平面视图和三维视图。

②选择对象：在三维视图中按 Tab 键选择一个卫浴装置实例及其连接的给排水管道，见【操作2.13】。

③复制对象：进入平面视图，使用复制命令创建新的对象，见【操作3.13】。

【拓展5.3】卫浴装置成组复制。在给排水工程项目中往往有相同的卫浴装置，当一个卫浴装置实例和连接的管道创建完成后（先不要与主管连接），先使用上述方法快速创建其他相同的对象，再进行管道的连接，这样可以提高建模的效率，见图5-62。

卫浴装置成组复制

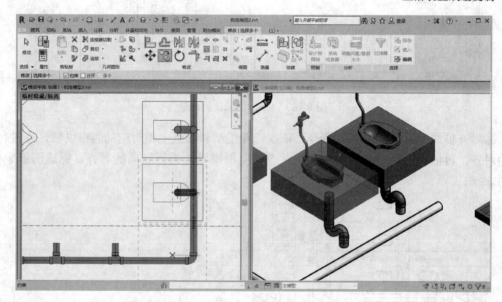

图5-62　卫浴装置复制

创建项目文件并选择给排水工程项目样板，同时链接土建模型以及给排水专业 CAD 图纸。给排水工程建模的重点是绘制管道，给排水管道涉及的专业及种类较多，在绘制管道之前需要根据不同的专业用途定义好管道系统的类型，并在创建管道实例时合理的选择系统类型，这样可以保证卫浴装置能顺利的连接管道，还能为创建管道过滤器提供必要的前提，达到理想的视图效果。在进行管道类型的布管系统配置时，排水管道是建模的难点，一般沿逆坡方向绘制并选择顺水连接管件，其他专业管道选择标准类型即可。给排水管道模型的创建难度较大，有时不必追求实例创建的一次到位，通过各种编辑方法，灵活应用修改工具，能够有效提高建模的效率。对于相同的实例对象，可以借助复制命令进行快速地创建。

第 6 章　消防工程 BIM 实践

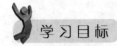

学习目标

知识目标

熟悉消防管道材料及连接方式；

熟悉常用喷头的类型；

熟悉常用的消防系统构件。

能力目标

自定义管道类型并进行多种连接方式的布管系统配置；

创建消火栓、喷头并与管道进行连接；

应用复制、阵列命令快速创建喷淋管道系统；

创建消防工程模型。

素养目标

养成严谨的工作作风；

培养自主学习的习惯。

工作任务

应用 Revit 进行消防工程建模流程如图 6 - 1 所示。

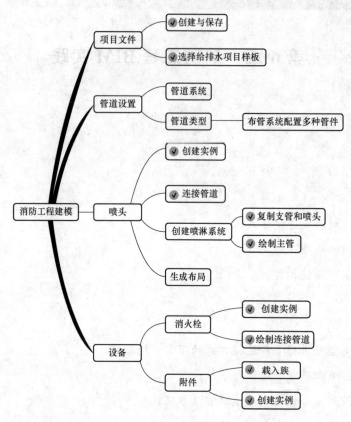

图 6-1　消防工程建模流程

6.1　概　　述

6.1.1　基本命令

建筑消防系统与给排水系统相似，其组成包括管道、消火栓、喷头、附件设备等，建模时用到的命令与后者基本无异。在应用 Revit 进行消防工程模型创建时，常用的参数及创建规则见表 6-1。

表 6-1　　　　　　　消防工程类别常用参数及创建规则

类别	主要类型参数	主要实例参数	实例创建规则	实例创建方式
管道	管段、连接方式	管径、长度、坡度、偏移量、对齐方式	自动连接、继承高程、坡度	手绘、自动连接
喷头	外形尺寸	标高、偏移量	连接管道	手动布置
机械设备（消火栓、水泵接合器）	外形尺寸	标高、偏移量	连接管道	手动布置
管道附件	外形尺寸、管径	偏移量	—	手动布置

6.1.2　专业族

在 Revit 软件中，消防工程涉及的附件和设备较多，往往需要用户自行载入。常用族及载入目录见表 6-2。

表 6-2　　　　　　　　　　　消防工程常用族及载入目录

类别	族	载入目录
管道附件	水流指示器、末端试水时	C：\ ProgramData \ Autodesk \ RVT 2018 \ Libraries \ China \ 消防 \ 给水和灭火 \ 附件
机械设备	消火栓	C：\ ProgramData \ Autodesk \ RVT 2018 \ Libraries \ China \ 消防 \ 给水和火火 \ 消火栓
	延时器、水力警铃	C：\ ProgramData \ Autodesk \ RVT 2018 \ Libraries \ China \ 消防 \ 给水和灭火 \ 附件
	水泵接合器	C：\ ProgramData \ Autodesk \ RVT 2018 \ Libraries \ China \ 消防 \ 给水和灭火 \ 水泵接合器
喷头	喷头	C：\ ProgramData \ Autodesk \ RVT 2018 \ Libraries \ China \ 消防 \ 给水和灭火 \ 喷淋头

6.2　消 防 管 道 设 置

6.2.1　管道系统

消防系统也是给水系统的一种，在创建消防系统模型时，像生活给水系统一样，首先要定的管道系统。

【举例 6.1】在"实训楼消防工程"项目文件中，参考【举例 5.4】，定义消防管道系统。复制"其他消防系统"创建"X 消火栓系统"，缩写为"XF"；复制"湿式消防系统"创建"ZP 自喷系统"，缩写为"ZP"，见图 6-2。

定义消防
管道系统

6.2.2　管道类型

消防管道往往比普通的生活给水管道有更高的要求，因此在消防系统建模时需要单独创建消防管道类型。

消防管道一般有螺纹及卡箍等多种连接方式，为了要加以区分，需要在一种管道类型中配置两种管件，分别设置不同的尺寸范围，具体操作如下。

【操作 6.1】一种管材配置多种连接方式

①选择管段：选择自定义的消防管道，进入"布管系统配置"（参考【操作 5.4】），选择合适的管段。

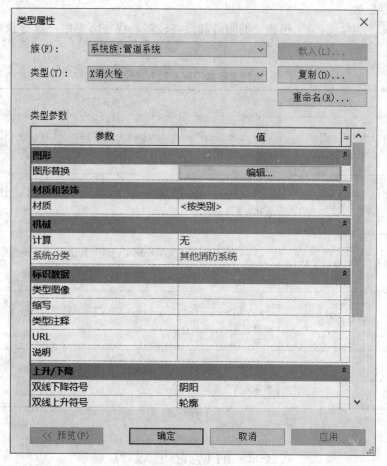

图 6-2 定义消防管道系统

②增加管件：在"弯头"中选择一种连接管件，单击 ✚ 添加行，选择另一种连接管件，分别为这两种管件选择对应的"最小尺寸"和"最大尺寸"，使二者的尺寸范围衔接且不重叠。

③采用同样的方法，完成其他管件的设置。

【拓展 6.1】在"实训楼消防工程"项目中，定义"消防管道"类型，如图 6-3 所示，管段采用"镀锌钢管"，DN15～DN50 的采用螺纹连接，DN65～DN300 的采用卡箍连接。由于喷淋系统中可能存在 DN80 及以上规格的主管与 DN32 的主管连接，这时布管系统配置还需要增加一种"卡箍－丝扣"连接管件，范围为 DN15～DN300。实际创建效果见图 6-4。

定义消防
管道类型

【提示】卡箍连接非 Revit 软件自带的族文件，需要用户创建或者载入。

6.2.3 管道绘制

消防系统管道的绘制与生活给水管道无异，这里不再赘述。

【举例 6.2】创建图图 6-5 所示喷淋系统干管，管道类型选择"消防管道"，管道系统选择"ZP 自喷系统"。

图 6-3 多种管道连接方式的设置

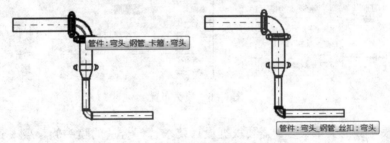

图 6-4 不同的管道连接方式

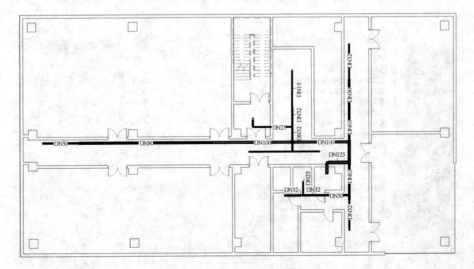

图 6-5 喷淋系统干管绘制

6.3 喷头及管道

6.3.1 喷头布置

作为自喷系统的重要组成部分，喷头在系统中往往需要创建大量的实例，可以先选择典型位置的喷头进行布置，然后借助复制、阵列等命令进行喷头与管道的快速创建，具体方法如下。

【操作6.2】布置喷头。

①命令：单击功能区选项卡"系统→喷头"，见图6-6。

②实例属性：根据设计高度，输入喷头设置偏移量。

③放置喷头：在平面视图中，沿自喷管道中心线点击左键放置喷头。

④连接管道：转到三维视图，选择放置的喷头，单击上下文选项卡"修改→连接到"→选择喷淋支管，完成喷头与管道的连接。

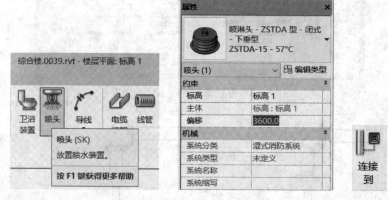

图6-6 喷头布置

【提示】喷头族的类型众多，需要根据设计要求选择合适的喷头族，载入到项目中，见图6-7。

图6-7 载入喷头族

【举例6.3】在"实训楼消防工程"项目中，创建图6-8所示喷淋支管及喷头。

创建喷淋
支管及喷头

6.3.2　生成布局

消防系统的管道与给水管道的创建方法相似，这里不再赘述。实际在创建喷淋系统时，往往将喷头与管道同时进行创建，再借助复制、阵列等命令会比较方便，详见6.2.2。

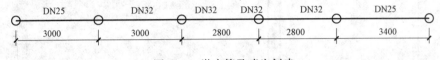

图6-8　淋支管及喷头创建

对于布置比较规则的喷头，可以先创建喷头，然后布置管道把喷头连接起来。Revit提供了生成布局的功能，能够使喷淋系统自动完成创建，帮助用户完成管道初步的布置。

【操作6.3】喷淋系统管道生成布局

①创建管道系统：选择需要连接的全部喷头→单击上下文选项卡"管道"→弹出"创建管道系统对话框"，对系统进行命名→单击"确定"，见图6-9。

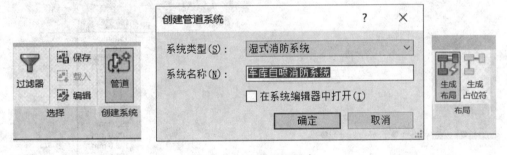

图6-9　管道系统创建

②单击上下文选项卡"生成布局"，进入"生成布局"选项卡，见图6-10。

图6-10　生成布局

③管道转换设置：单击选项栏"设置"→进入"管道转换设置"对话框，分别设置干管和支管的管道类型、偏移→单击"确定"，见图6-11。

④放置基准：单击"放置基准"→在绘图区单击确定基准的平面位置→在选项栏输入基准的"偏移"，"直径"下拉列表选择基准的管径，见图6-12。

⑤解决方案：在"生成布局"选项卡单击"解决方案"，选项栏点击 ◁▮ ▮▷ 切换解

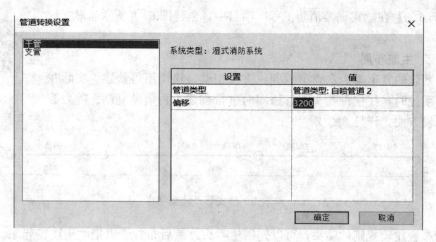

图 6-11　转换设置

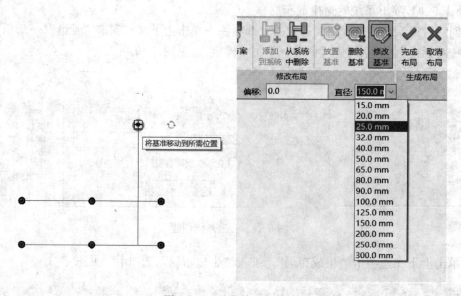

图 6-12　基准放置与修改

决方案，见图 6-13。

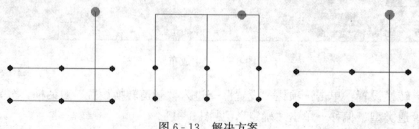

图 6-13　解决方案

⑥编辑布局：选择一个满意的方案单击"完成布局"。或者单击"编辑布局"→绘图区单击需要修改的管道，拖动调整其平面位置，优化完成后单击"完成布局"，见图 6-14。

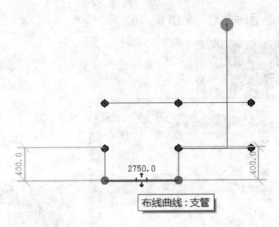

图 6-14　编辑布局

6.4　消防设备及附件

相比生活给水系统，消防系统中用到的设备及附件更多，当完成消防系统管道绘制后，可以进行设备及附件的布置。

6.4.1　消火栓布置

消火栓是消防系统基本的设备，不同消火栓的栓口数量、位置等存在差异，需要根据消火栓进水管道的位置及其他设计要求合理地选择。消火栓在 Revit 软件中是可载入族，可以根据设计要求进行载入，见图 6-15。

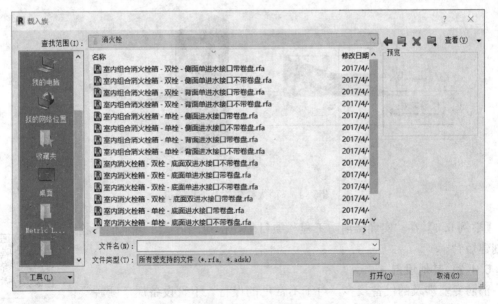

图 6-15　消火栓族

【操作 6.4】布置消火栓

①命令：单击选项卡"系统→机械设备"命令。

②实例属性：选择合适的类型，见图 6-16。

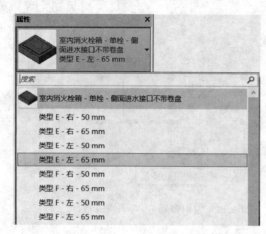

图 6-16 消火栓创建

③放置消火栓：通过属性面板设置其标高，在上下文选项卡选择"放置在垂直面上"，在平面图中点击墙体放置。

④消火栓连接管道：点击消火栓旁边的，绘制连接管道，与附加的消防立管连接，见图 6-17。

【提示】消火栓一般需要靠墙放置，必须先创建墙或链接土建模型。如果消火栓放置的方向不合适，可以通过空格键调整，或者重新选择合适的消火栓类型。

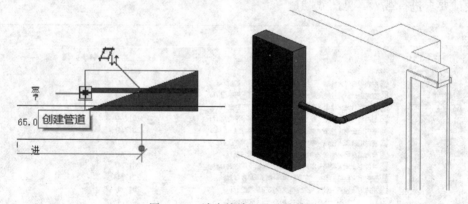

图 6-17 消火栓放置及连接管道

【举例 6.4】在"实训楼消防工程"项目中，创建图 6-18 所示消火栓并创建短管。

6.4.2 其他设备

消防专业涉及的设备较多，对于不常见的设备，不管设备属于哪种类别，通用的创建方法如下。

创建消火栓

【操作 6.5】放置构件

①命令：单击选项卡"系统→构件"，见图 6-19。

②类型选择：在属性面板下拉列表选择合适的设备，可以通过搜索快速查找。

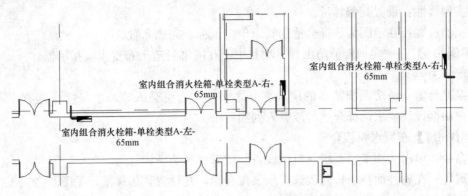

图 6 - 18 消火栓创建举例

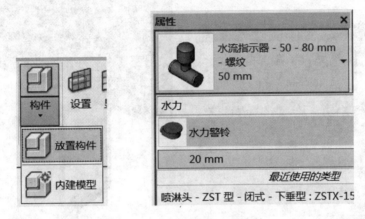

图 6 - 19 创建设备的通用方法

1. 水流指示器

消防系统涉及的管路附件包含阀门、水流指示器、末端试水等，它们的创建方法基本相同，以水流指示器为例，创建方法如下。

【操作 6.6】布置水流指示器

①命令：单击选项卡"系统→管路附件"或者"系统→构件"。

②类型选择：在属性面板下拉列表选择水流指示器，并选择合适的规格，见图 6 - 20。如果确实相关类型，需要先载入族。

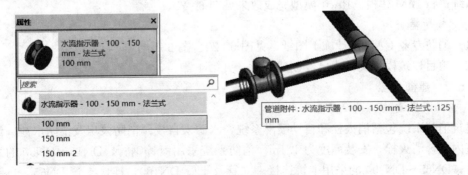

图 6 - 20 水流指示器类型列表

③实例属性：设置其偏移量。

④实例放置：在绘图区选择合适的管道单击鼠标，完成布置。

【举例6.5】在"实训楼消防工程"项目中，在喷淋管道上布置水流指示器。

2. 水泵接合器

水泵接合器是消防系统基本的组成部分之一，作为可载入族，水泵接合器有不同的种类，用户根据设计要求选择合适的族载入到项目中。

【操作6.7】布置水泵接合器

①命令：单击选项卡"系统→机械设备"或者"系统→构件"。

②属性：在属性面板下拉列表选择水泵接合器，并设置其偏移量，见图6-21。

③实例放置：在绘图区选择合适的位置单击鼠标，完成布置。

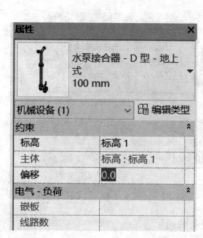
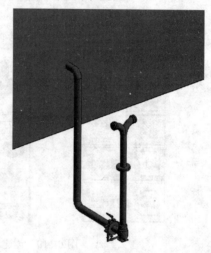

图6-21　水泵接合器创建

6.5　消防专业模型创建实例

6.5.1　项目导入

1. 任务简介

本工程为实训楼消防系统工程，1～3层设置消火栓和自动喷水系统。根据图纸对上述各个系统进行BIM建模。Revit模型完成效果见图6-22。

2. 建模所需资料

(1) 消防专业CAD设计施工图纸，见图6-23、图6-24；

(2) 项目建筑模型文件，已经创建完成，见第4章。

6.5.2　建模步骤

1. 施工图识读及项目设置

建筑消防系统包括消火栓和自动喷淋系统，水源来自校园消防泵房及消防水池。消火栓选择室内组合消火栓，安装高度为1.1m。消防系统采用镀锌钢管，DN15～DN50的采用螺纹连接，DN65～DN300的采用卡箍连接。立管及干管DN100，连接支管DN65。自动喷水系统干管延梁下布置，喷头采用下垂型喷头。消防管道上阀门采用蝶阀。

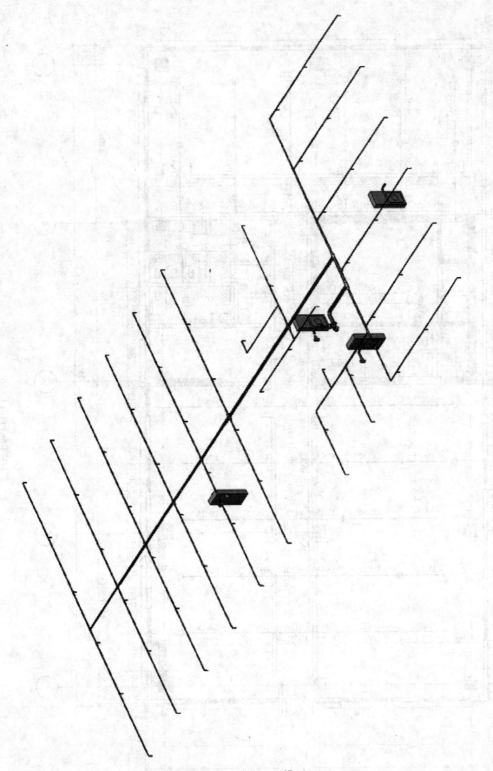

图 6-22 消防工程模型

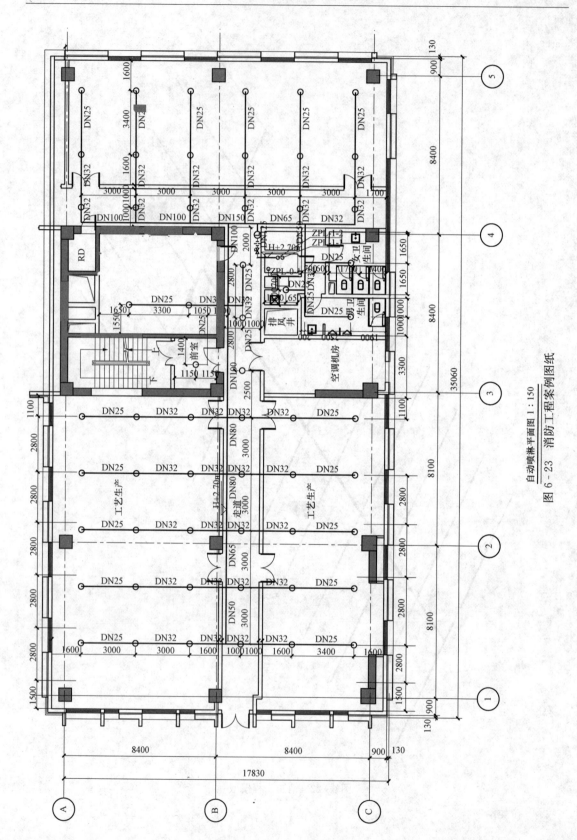

自动喷淋平面图 1 : 150

图 6 - 23 消防工程案例图纸

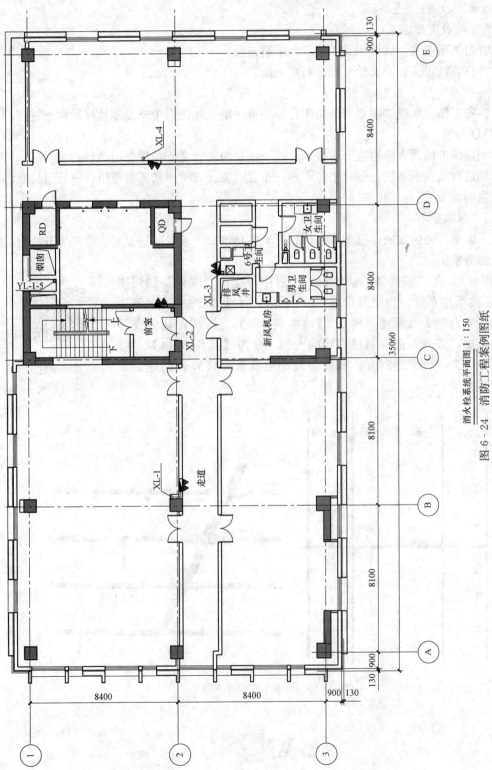

消火栓系统平面图图 1：150

图 6-24　消防工程案例图纸

➤载入项目需要的构件族，例如水流指示器等。

➤设置视图范围：0至5400。

➤水管系统及类型定义：

（1）管道类型定义：镀锌钢管，螺纹及卡箍连接。

（2）管道系统定义：消火栓系统、自喷系统。

2. 建模步骤

（1）准备工作：新建"实训楼消防工程"项目→链接建筑模型→复制监视轴网→链接消防工程CAD图纸。

（2）创建标准层消火栓系统：布置消火栓→绘制消防管道→布置管道附件。

（3）创建自动喷淋系统：创建消防干管→布置喷头及支管→布置管道附件→管道检查。

（4）视图显示控制：创建过滤器。

6.5.3　建模技巧

消防系统模型创建方法详见本章实例。为了提高效率，可以通过复制、阵列等方法快速创建相同的对象实例。

【拓展6.2】在"实训楼消防工程"项目中，应用"阵列"创建图6-25所示的喷淋系统。先绘制喷淋系统干管和一段标准的支管（不要与干管连接）及喷头（见【举例6.2】【举例6.3】），选择创建的支管及喷头，借助"阵列"命令创建相同的实例（参考【操作3.14】），阵列"项目数"为5，间距2800，软件会自动生成管件将阵列创建的支管与干管连接。

快速创建
喷淋系统

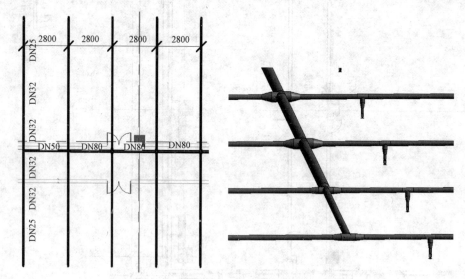

图6-25　喷淋系统创建举例

消防系统模型的创建与给排水工程相似，创建项目文件并选择给排水工程项目样板，同

时链接土建模型以及消防专业 CAD 图纸。消防系统包含的附件及设备种类众多，需要根据设计要求载入相关的构件族。进行管道类型的布管系统配置时，可以添加多种管件类型。借助复制、阵列等命令能够实现相同实例的快速创建，建模时注意操作技巧，先进行支管及喷头的复制，再绘制主干管，这样借助管道的自动连接功能即可自动实现支管与主管的连接。

第7章 暖通工程 BIM 实践

学习目标

知识目标

了解机械项目样板的特征；

理解风管系统的含义；

熟悉常用的风管管件；

理解布管系统配置的含义；

熟悉通风空调系统模型创建的流程。

能力目标

合理地进行 MEP 风管设置；

自定义风管系统并进行合理的选择；

自定义风管类型并进行合理的布管系统配置；

绘制与编辑风管；

布置机械设备、风道末端并连接风管；

检查风管的连接；

创建通风空调工程模型。

素养目标

养成严谨的工作作风；

养成多专业协同工作的意识；

培养自主学习的习惯。

工作任务

应用 Revit 进行暖通工程建模流程如图 7-1 所示。

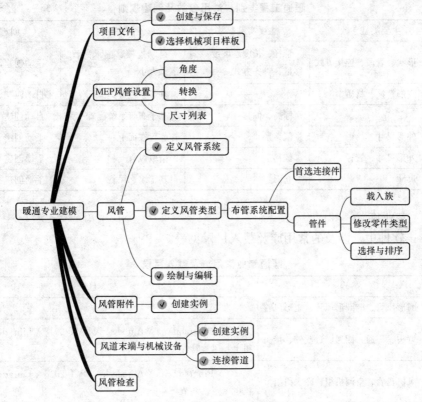

图 7-1 暖通工程建模流程

7.1 概 述

7.1.1 基本命令

通风空调专业的命令主要集中在功能区的"系统"选项卡"HVAC"区，包括的类别有风管、风管管件、风管附件、软风管转换、风道末端，见图 7-2。暖通工程涉及的风机、空调机组位于"机械设备"中。本章将主要介绍这些内容。

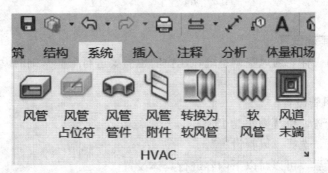

图 7-2 暖通工程主要命令

在进行暖通工程模型创建时，涉及的相关类别、族、参数及实例创建规则见表 7-1。

表7-1　　　　　　　　　　暖通工程类别、常用参数及创建规则

类别/族	主要类型参数	主要实例参数	创建规则	创建方式
风管	形状、管段、连接方式	管径、长度、坡度、偏移量、对齐方式	自动连接、继承高程、继承大小	手动创建，自动连接
风管系统	图形替换、材质	—	基于系统分类	自动匹配，手动选择
风管管件	—	标高、偏移	基于布管系统配置	自动创建
机械设备	外形尺寸	偏移量	放置在面上	手动创建
风管附件	外形尺寸、管径	偏移量	拾取风管	手动创建
风道末端	尺寸	立面	基于墙、风管	手动创建

7.1.2　专业族

在 Revit 软件中，涉及的常用族及载入目录见表7-2。

表7-2　　　　　　　　　　暖通专业常用族及载入目录

类别	族	载入目录
风管	圆形风管、椭圆形风管、矩形风管	—
风管管件	弯头、三通、四通、过渡件、接头	C：\ProgramData\Autodesk\RVT 2018\Libraries\China\机电\风管管件
机械设备	风机盘管、空调机组、冷水机组	C：\ProgramData\Autodesk\RVT 2018\Libraries\China\机电\空气调节
	风机	C：\ProgramData\Autodesk\RVT 2018\Libraries\China\机电\通风除尘\风机
风管附件	消声器、过滤器、风阀	C：\ProgramData\Autodesk\RVT 2018\Libraries\China\机电\风管附件
风道末端	散流器、送风口	C：\ProgramData\Autodesk\RVT 2018\Libraries\China\机电\风管附件\风口

7.2　风　管　设　置

7.2.1　风管基础设置

如同水暖管道一样，通风空调系统在建模前也需要进行一些基础的设置，同样可以通过机械设置完成。

【操作7.1】风管设置

①打开机械设置，见【操作5.1】；

②打开对话框，选择"风管设置"。

进入风管设置后，可以对以下内容进行具体设置。

1. 设置

"设置"选项主要用于配置和注释相关的规则，见图7-3，具体内容如下：

➤单线管线使用注释比例：指定是否按照"风管管件注释尺寸"参数所指定的尺寸绘制

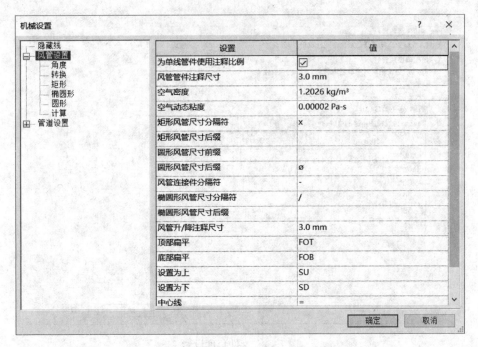

图 7-3 风管设置

风管管件。修改该设置时并不会改变已在项目中放置的构件的打印尺寸。

➤风管管件注释尺寸：指定在单线视图中绘制的管件和附件的打印尺寸。无论图纸比例为多少，该尺寸始终保持不变。

➤空气密度：该参数用于确定风管尺寸。

➤空气动态黏度：该参数用于确定风管尺寸。

➤矩形风管尺寸分隔符：指定用于显示矩形风管尺寸的符号。

➤矩形风管尺寸后缀：指定附加到矩形风管的风管尺寸后的符号。

➤矩形风管尺寸前级：指定前置于矩形风管的风管尺寸的符号。

➤风管连接件分隔符：指定用于在两个不同连接件之间分隔信息的符号。

➤椭圆形风管尺寸分隔符：指定用于显示椭圆形风管尺寸的符号。

➤精圆形风管尺寸后缀：指定附加到椭圆形风管的风管尺寸后的符号。

➤风管升降注释尺寸：指定在单线视图中绘制的升/降注释的打印尺寸。无论图纸比例为多少，该尺寸始终保持不变。

2. 角度

➤使用任意角度：可让管件以任意角度连接风管，见图 7-4。

➤设置角度增量：指定 Revit 用于确定角度值的角度增量。

➤使用特定的角度：启用或禁用 Revit 使用特定的角度。

3. 转换

在选择"转换"后可以指定参数，在使用"生成布局"工具时，这些参数用来控制为"干管"和"支管"管段所创建的高程、风管尺寸和其他特征，见图 7-5。可以选择系统分类（排风、送风和回风），并指定每种分类中支管风管的以下默认参数：

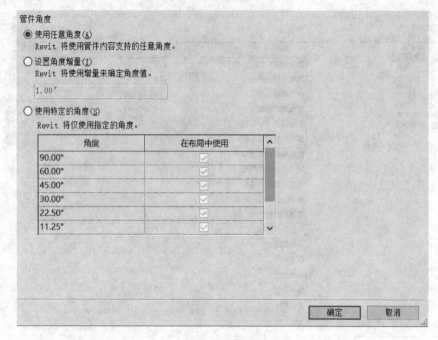

图7-4　管件角度设置

➤风管类型：这是干管或者支管管网的默认风管类型。

➤偏移：这是当前标高之上的风管默认高度。

➤软风管类型：这是支管管网的默认软风管类型，包括圆形软风管或无。

➤软风管最大长度：这是在布线解决方案中可用的软风管管段的最大长度。

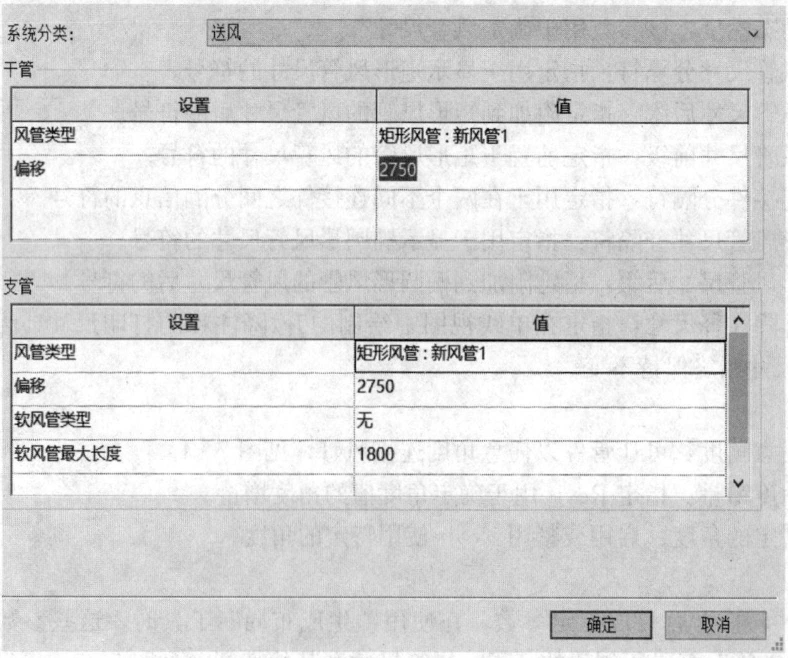

图7-5　转换设置

4. 风管尺寸

通风空调系统中的风管有不同的形状和尺寸，可以通过"风管尺寸"进行设置。

（1）矩形。如果选择"矩形"，右侧面板将列出项目可用的矩形风管尺寸，并显示出可用于选项栏列表的尺寸。虽然此处只有一个值可用于指定风管尺寸，但可将其应用于高度、宽度或同时应用于这两者。通过"删除尺寸"按钮可从表中删除选定的尺寸。"新建尺寸"按钮可以打开"风管尺寸"对话框，用以指定要添加到项目中的新风管尺寸，见图 7-6。

（2）椭圆形。操作同上。

（3）圆形。操作同上。

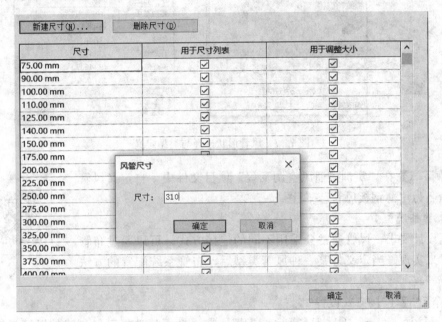

图 7-6　风管尺寸设置

5. 计算

在选择"计算"后，可以指定为直线管段计算风管压降时所使用的方法。在"压降"选项卡中，从列表中选择"计算方法"。计算方法的详细信息将显示在说明字段。如果有第三方计算方法可用，将显示在下拉列表中。

7.2.2　风管类型

1. 风管类型定义

通过定义风管的类型，可以设置管道的断面形状、规格及连接方式。一个项目中往往包括不同种类的风管，根据设计要求设置适合的风管类型，能够为后续风管的创建提供很多方便。

【操作 7.2】定义风管类型

①命令：选项卡单击"系统→风管"，见图 7-7。

②类型选择：在属性面板下拉列表中选择一种风管的形状，Revit 提供了矩形、圆形、椭圆形三种断面形状。

③类型创建："编辑类型"→打开"类型属性"对话框→单击"复制"→打开"名称"

对话框→命名→单击"确定"。

图 7-7　风管形状选择与类型定义

【举例 7.1】在"实训楼通风空调工程"项目文件中,自定义风管类型,命名为"薄钢板风管",见图 7-7。

自定义风管类型

2. 布管系统配置

根据设计要求,风管通常会采用不同的连接方式,可以通过布管系统配置来实现。当定义好某一种风管类型后,布管系统配置的方法如下。

【操作 7.3】连接方式设置

布管系统配置

①进入布管系统配置:在属性面板选择已经创建的风管类型,单击"编辑类型"打开"类型属性"对话框→单击"编辑"按钮,打开"布管系统配置"对话框(图 7-8)。

②配置管件:单击"弯头""首选连接件""连接""过渡件""四通"等→展开下拉列表选择合适的连接管件→最后单击"确定"。

➢首选连接类型:在绘制风管时,软件优先采用的连接方式,Revit支持以下两种:

(1) 三通:主管连接支管时,软件会选择"连接"列表中置顶的三通管件。

(2) 接头:通过接头连接主管和支管。

➢连接:可以使用三通或接头类型族,通过单击 ➕➖ 可以进行增减,单击 ⬆ ⬇ 进行排序,软件默认使用排在最上面的管件进行连接。软件提供了丰富的风管管件,用户可以自行载入管件类型。

Revit 提供了丰富的风管管件,可以根据实际设计要求进行合理的选择。如果布管系统配置中的下拉列表中没有,需要用户载入风管管件族。方法如下。

【操作 7.4】载入风管管件族

①载入风管管件族:打开"布管系统配置"对话框,单击"载入族",见图 7-8。

②打开对话框，选择需要的风管管件族，单击"打开"，见图 7 - 9。

【举例 7.2】载入风管管件族"矩形 Y 形三通－弧形"和"矩形 T 形三通－斜接"，见图 7 - 9。

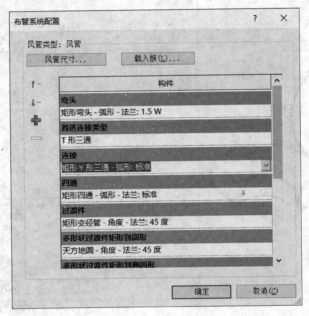

图 7 - 8　风管管段设置

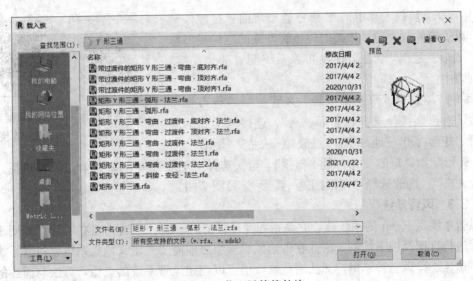

图 7 - 9　载入风管管件族

可能有些管件载入后，仍然无法在连接风管时使用，这时需要修改管件的零件类型。

【操作 7.5】修改管件的零件类型

①载入某个风管管件族；

②编辑族：单击选项卡"系统→构件→放置构件"→类型选择器中选择需要添加的管件→在绘图区放置实例→选择放置的构件，单击上下文选项卡"编辑族"。

③修改族参数：单击选项卡"族类别和族参数"→打开对话框，在"族参数"中修改"零件类型"，单击"确定"，见图7-10。

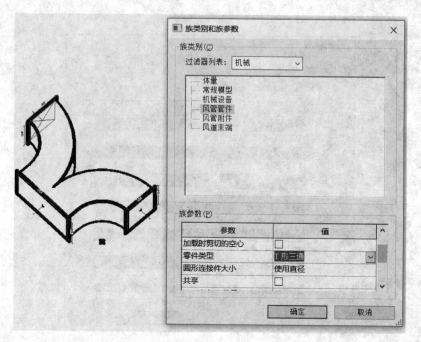

图7-10 修改管件的零件类型

【拓展7.1】载入"矩形Y形三通－弯曲－过渡件－法兰"风管管件载，通过族编辑将该管件族的零件类型修改为"Y形三通"，使之出现在布管系统配置的"连接"下拉列表中。

【举例7.3】对"薄钢板风管"风管类型进行布管系统配置，首选连接件选择"T形三通"，连接从上到下依次选择"矩形Y形三通-弯曲-过渡件-法兰""矩形Y形三通-弧形"和"矩形T形三通-斜接"，弯头选择"矩形弯头-弧形"，过渡件选择"矩形变径管-15°"，四通选择"矩形四通-弧形"。见图7-11。

载入并修改风　　风管配置
管管件载　　　多种连接件

7.2.3 风管系统

风管系统是Revit的系统族，它是指相互连接的风管组合。通过建立风管系统便于用户对风管进行管理及视图控制，因此在创建风管模型之前需要先定义风管系统。风管系统包括回风、送风、排风三种，用户无法对此修改但可以创建风管系统的类型，方法与前述的水暖管道类似。

【操作7.6】风管系统定义

①新建风管系统：打开项目浏览器，在"族"中展开"风管系统"→选择其中一种风管系统分类进行复制新建，操作同水暖管道系统的创建，参考【操作5.6】。

②风管系统类型属性设置：项目浏览器中双击新建的风管系统，编辑图形替换、缩写等属性，见图7-12。

图 7 - 11　布管系统配置

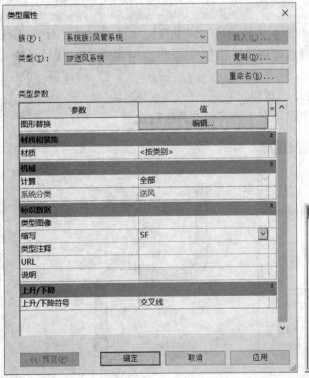

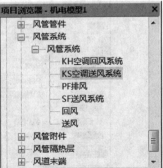

图 7 - 12　通风系统定义

【举例7.4】在"实训楼通风空调工程"项目中，复制"送风"创建风管系统，命名分别为"SF送风系统"和"KS空调送风系统"，系统缩写分别为"SF"和"KS"；复制"排风"创建风管系统，命名为"PF排风系统"，系统缩写为"PF"；复制"回风"创建风管系统，命名为"KH空调回风系统"，系统缩写为"KH"，见图7-12。

定义风管系统

7.3 风 管 绘 制

7.3.1 绘制基本命令

在 Revit 软件中，风管一般是通过手动绘制，创建方法与管道绘制相似，操作如下。

【操作7.7】绘制风管

①命令：选项卡单击"系统→风管"，快捷键"DT"。

②类型选择：根据设计要求在类型列表中选择合适的风管类型，见图7-13。

③实例属性：在属性面板选择风管对应的"系统类型"，选择水平对正、垂直对正、输入参照标高。在选项栏设置宽度、高度和偏移。

④绘制：鼠标进入绘图区，第一次点击鼠标确定风管的起点，再次点击鼠标确定风管的中间节点，重复上述过程可以进行连续绘制，按下 ESC 结束绘制。

【提示】风管命令创建的是连续风管，在绘制过程中可以修改宽度、高度或偏移，在平面视图中，绘制时会有长度及角度提示。可以在第一次单击鼠标后，直接输入管道长度后按回车键确定管道终点。

绘制排风管

【举例7.5】在"实训楼通风空调工程"项目中，创建图7-13所示风管，风管类型选择"薄钢板风管"，其系统类型选择"PF排风系统"，偏移量4200mm。

7.3.2 属性与绘制规则

在属性面板中可以对下列实例参数进行设置：

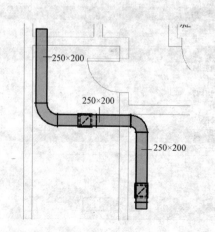

图 7-13　排风管绘制举例

➤水平对正：分为中心、左、右对齐三种方式，一般选择中心对齐。

➤垂直对正：分为顶、底、中心对齐三种方式，根据设计方案进行设置，通常选择顶对齐居多，见图 7-14。

➤参照标高：风管"偏移量"的基准，一般选择当前平面所在的标高。

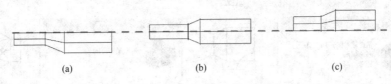

图 7-14　垂直对正方式

(a) 底对正；(b) 中对正；(c) 顶对正

当进入"风管"命令后，下列参数可以在选项栏中设置（图 7-15）：

➤宽度、高度：下拉列表中，可以选择风管的宽度、高度尺寸，如果没有合适的尺寸，可以直接输入。

➤偏移量：即风管的安装高度。默认值为 MEP 设置中的预设数值，可以随时修改。

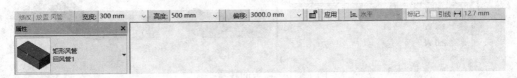

图 7-15　风管选项栏

【提示】（1）偏移的定位点与垂直对齐的方式有关，比如同样是偏移值"2000"，如果选择顶对齐，对应的是风管顶部距离地面 2000mm；要是选择底对齐，则是风管底部距离地面 2000mm；如果选择中心对齐，对应的是管中心距离地面 2000mm。管道绘制完成后，偏移量会自动显示管中的高度，有可能与绘制前的输入偏移量不一致。

（2）注意在平面视图中，"宽度"和"高度"与实际一致，在立面视图中，二者会发生颠倒。

【举例7.6】沿墙绘制风管，如图7-16所示。水平对正选择左，由前往后（实际方向，图上看为从下往上）绘制，高度为200mm，宽度依次设置为500mm、350mm。

当进入"风管"命令后，上下文选项卡中会出现自动连接、继承高程、继承大小这几个选项，其含义与水暖管道相似，详见5.3.3。

7.3.3　风管管件

1. 管件族与类型

软件中提供了丰富的风管管件族，典型的三通管件如图 7-17 所示，用户应该根据设计要求，在风管类型定义时通过布管系统中选择匹配，如前所述。

有的同一种管件类型，可能有不同的规格，比如转弯

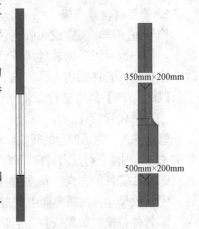

图 7-16　水平对正举例

半径、角度等，还需要根据设计要求进一步选择替换，见图 7-18、图 7-19。

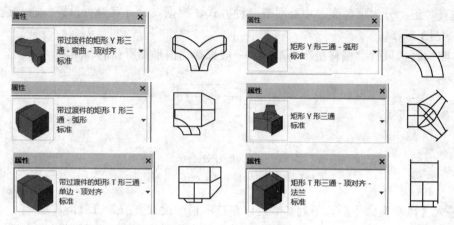

图 7-17　常见风管管件族

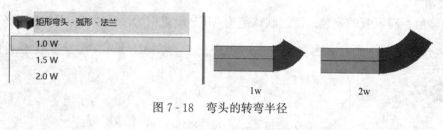

图 7-18　弯头的转弯半径

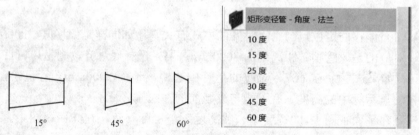

图 7-19　变径管角度的差异

2. 管件创建与编辑

像管道一样，当完成布管系统配置后，风管管件一般在绘制风管时会自动生成，特殊情况下，用户也可以手动放置风管管管件。实际在建模时，往往需要对已经创建的管件进行修改，比如放置管件的姿态、方向、接口等不满足设计要求，这时需要对管件进行编辑。

【操作 7.8】风管管件编辑

①选择风管管件。

②弯头与三通、四通的转换：单击"＋"可以将弯头转化为三通，进一步还能转化为四通；单击"－"则能进行反向转换，可以将四通转化为三通，进一步转化为弯头，见图 7-20（a）。

③修改管件的方向：单击管件旁边的⇔，见图 7-20（b）。

④修改尺寸：视图界面中点击尺寸数字修改或者属性面板修改对应尺寸，见图 7-20（c）。

⑤管件替换：如果管件不合适，在属性面板中直接修改管件族，可以实现管件的替换。

【提示】如果在属性面板勾选"约束到布管系统配置"，则会锁定管件类型，无法进行替换。

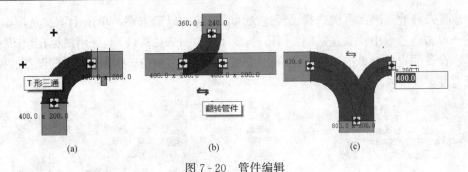

图 7-20　管件编辑

(a) 弯头与三通、四通的转换；(b) 修改管件的方向；(c) 修改尺寸

【举例 7.7】在 "实训楼通风空调工程" 项目中，创建图 7-21 所示送风管。风管类型选择 "薄钢板风管"，布管系统配置中 "连接" 首选 "矩形 Y 形三通－弯曲－过渡件－法兰"（见【举例 7.3】），风管系统类型选择 "SF 送风系统"，偏移量 2750mm。首先绘制 ABC 管段；接下来将 B 处弯头转化为三通，编辑三通左侧接口尺寸，与 630mm×200mm 风管匹配；继续绘制 BDE 管段，然后将 D 处弯头转化为三通并替换为 "矩形 Y 形三通－弧形－标准"，编辑修改左侧接口尺寸，与 500mm×200mm 风管匹配；继续绘制 DFG 管段，将 F 处弯头转化为三通，最后绘制 FH 管段。

绘制送风管

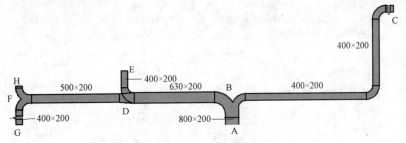

图 7-21　送风管创建举例

7.3.4　生成布局

通常在建模时，一般采用手动绘制管道。对于一些分布规则的风道末端，可以先布置风道末端，然后借助生成布局的功能，自动完成管道的连接，如同水暖管道生成布局一样。

【操作 7.9】风管生成布局

①创建风管系统：选择送风口，单击上下文选项卡 "风管" 打开对话框→选择一个系统类型并命名（图 7-22）。完成创建后，在属性面板中相关的系统信息会同步修改，同时可以对风管系统进行编辑。

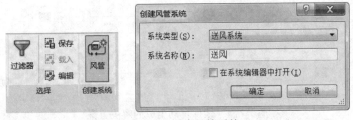

图 7-22　创建风管系统

　　②放置及修改基准：再次选择已经定义风管系统的风道末端，单击上下文选项卡"生成布局"→单击选项卡中"放置基准"［图 7 - 23（a）、图 7 - 23（b）］→用鼠标在绘图区单击，完成基准设备的定位→单击"修改基准"［图 7 - 23（c）］，在选项栏设置基准设备的偏移量、长度及宽度。

图 7 - 23　放置与修改基准
(a) 生成布局；(b) 放置基准；(c) 修改基准

　　③解决方案：基准布置完后，单击选项卡中"解决方案"［图 7 - 24（a）］→单击选项栏"设置"，设置干管及支管的偏移量、风管类型［图 7 - 24（b）］→选项栏"解决方案类型"下拉列表中选择"管网"，系统会自动生成解决方案，可以通过选项栏 ◁ ▷ 切换查看，蓝色线条表示干管，绿色线条表示支管，见图 7 - 24（c）。

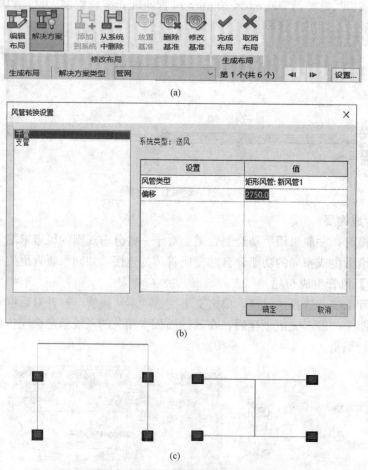

图 7 - 24　软件自动生成的解决方案
(a) 解决方案命令；(b) 风管转换设置；(c) 解决方案举例

④编辑布局：如果没有合适的方案，可以单击选项卡中的"编辑布局"，进一步对自动生成的方案进行优化。通过鼠标选择并拖动干管及支管，形成新的布局→待满足设计要求后单击选项卡"完成"，即可创建出风管的布局，见图 7 - 25。

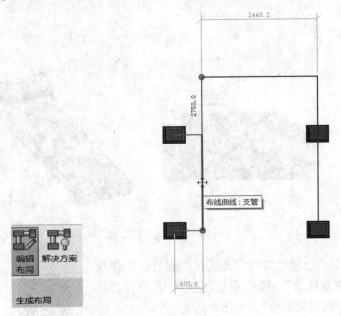

图 7 - 25　编辑布局

7.4　风管附件及设备

7.4.1　机械设备

1. 设备

通风空调系统中常用的设备有风机盘管、风机、空调机组等。当完成风管的创建后，可以进行设备的布置。

【操作 7.10】放置机械设备

①命令：单击选项卡"系统→机械设备"。

②族选择：在属性面板选择需要的设备。

③实例属性：设置偏移。

④布置：在绘图区单击进行放置，调整姿态。

【举例 7.8】在"实训楼通风空调工程"项目中，布置风机盘管，类型选择"风机盘管－卧式暗装－三管式－背部回风"，高度设置为 4300。

通风空调专业的机械设备，比如风机盘管、空调机组等，在完成实例创建后一般需要与风管连接，设备与风管连接的方法如下。

布置风机盘管

【操作 7.11】机械设备连接风管

方法一：手动绘制风管

①选择机械设备对象，单击右键菜单"绘制风管"或者单击 ⊠ 直接绘制风管，见图 7 - 26。

方法二：自动连接风管

①选项栏"修改→连接到"；

②打开对话框，选择风管类型，见图 7 - 27 (a)，在绘图区拾取对应的风管完成与机组相关接口的连接。

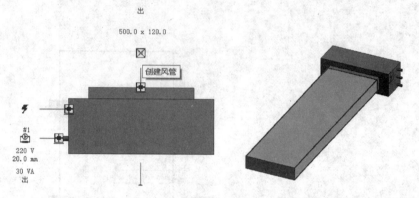

图 7 - 26　风机盘管手动绘制风管

【举例7.9】手动绘制空调风管连接风机盘管，空调风管类型选择"薄钢板风管"，风管系统选择"KS 空调送风系统"和"KH 空调回风系统"，见图 7 - 26。

【举例7.10】在"实训楼通风空调工程"项目中，布置空调机组并自动连接风管，见图 7 - 27 （b）。

风机盘管
连接风管

空调机组
连接风管

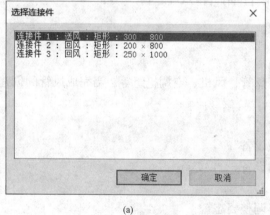

(a)

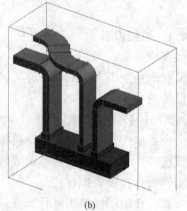

(b)

图 7 - 27　组合式空调机组连接风管

(a) 选择风管连接件；(b) 机组连接风管

2. 空调水系统

对于空调系统而言，除了风系统外，还包含水系统。空调水系统的绘制方法同水暖管道系统。管道绘制详见 5.3，这里不再重复。需要注意，冷凝水管通常需要一定的坡度，在绘制之前需要先设置好坡度，坡度下拉列表提供了常用的管道坡度，用户也可以自己添加坡度。

当空调水系统的管道绘制完成后，就可以将空调系统中的机组与管道连接起来，方法与卫浴设备类似。以风机盘管为例。

【操作 7.12】风机盘管连接空调水管道

①命令：选择放置的风机盘管，单击选项卡"修改→选择连接件"；

②选择管道：打开对话框，选择管道类型，在绘图区拾取已经布置的供、回水管道，见图 7 - 28 (a)。

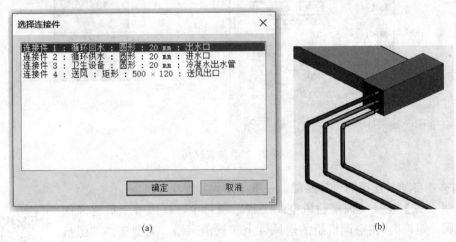

(a)　　　　　　　　　　　　　　　　(b)

图 7 - 28　风机盘管连接管道

(a) 选择水管连接件；(b) 风机盘管连接水管

【提示】要想准确完成连接，需要正确设置空调水管的系统类型（见【举例 5.4】），冷冻水、热水进口要连接循环供水（系统分类）管道，冷冻水、热水出口要连接循环回水（系统分类）管道，冷凝水出水口连接卫生设备（系统分类）管道。

【举例 7.11】将"风机盘管－卧式暗装－三管式－背部回风"风机盘管连接空调水管，见图 7 - 28。空调水系统管道的创建见第 5 章。

风机盘管
连接水管

7.4.2　附件

在 Revit 中风管附件包括防火阀、调节阀、过滤器、消声器、风阀、软连接等。以风阀为例，创建方法如下。

【操作 7.13】风阀放置

①命令：单击选项卡"系统 HVAC→风管附件"，见图 7 - 29。

②选择类型：在属性面板的类型选择器中选择合适的风管附件。

③放置风管附件：选项栏勾选"放置后旋转"→在绘图区拾取需要添加附件的风管的中心线，单击鼠标左键→移动鼠标调整附件的放置方向，再次单击后即可将附件添加到风管上，自动与风管完成连接。

选择放置的附件，周围会出现一些标记，可以通过点击标记调整附件的姿态，比如接口的方向，阀杆的位置等。

风阀主要的实例参数如下：

➤风管宽度、高度：自动与连接的风管匹配，一般不用设置。也有部分风管附件的尺寸无法自动与连接的风管匹配，需要用户手动设置。

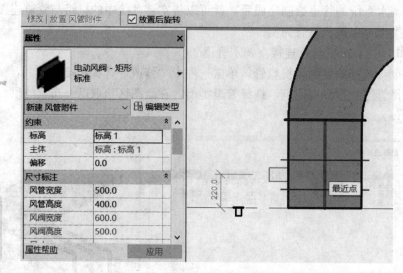

图 7 - 29　放置风阀

➤偏移：自动与连接的风管匹配，一般不用设置。

【举例 7.12】在"实训楼通风空调工程"项目中，在风管上放置风阀"电动风阀－矩形"。在空调机组的送风管上布置消声器，类型选择"阻抗复合式 800mm×320mm"，见图 7 - 30。

7.4.3　风道末端

风道末端包括散流器、进风口、出风口、排风格栅等，它们是通风空调必不可少的组成部分，当风管绘制完成后即可布置风道末端。

放置风阀和
消声器

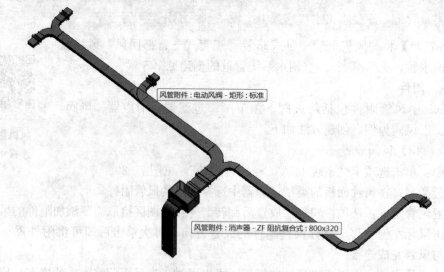

图 7 - 30　风阀及消声器绘制效果

【操作 7.14】放置风道末端

①命令：单击选项卡"系统 HVAC→风道末端"，见图 7 - 31。

②类型选择：在属性面板的类型选择器中选择合适的规格。

③创建规则。

④调整方向：按空格键调整放置的方向→单击左键完成创建。也可以在选项栏勾选"放置后旋转"，而后通过移动鼠标调整放置的角度。

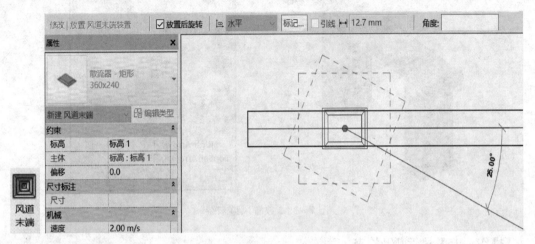

图 7 - 31　调整风道末端放置的方向

进入风道末端命令后，上下文选项卡出现如下创建规则：

➤风道末端放置在风管上：选择该选项，在平面视图中选择合适的风管，风口将在风管上开洞布置，见图 7 - 32（b）；否则风道末端会通过支管自动与主管连接，这时可以在属性面板中修改"偏移量"，调整末端的安装高度，见图 7 - 32（c）。

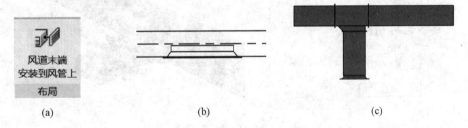

图 7 - 32　风道末端放置规则

（a）选项卡；（b）风道末端安装到风管上；（c）风道末端通过支管连接

【举例 7.13】在"实训楼通风空调工程"项目中，在空调送风管上放置"480mm×360mm 散流器－矩形"，通过支管连接空调风管，设置偏移量为 3800mm，见图 7 - 33。

放置风道末端

【提示】（1）为了选择合适的风管管件，需要修改"薄钢板风管"的布管系统配置，在"连接"中将"矩形 T 形三通－斜接"置顶。

（2）放置风口时，注意不要离风管的尾部太近，可以在距尾部足够大的距离生成风口后，再将其拖拽至原来的位置。设置风口标高时，注意跟所连接的风管底部有一定的高差。

7.4.4　风管检查

当通风空调系统创建完毕后，需要检查系统是否连接完整，即进行风管断开检查。

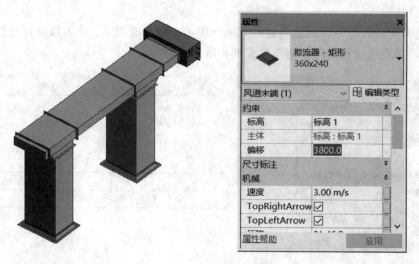

图7-33 放置风道末端

【操作7.15】风管断开检查

①命令：单击选项卡"分析→显示隔离开关"。

②类别选择：打开"显示断开连接选项"对话框，勾选"风管"，单击"确定"，见图7-34。

③查看：视图中感叹号显示的即是风管断开之处。

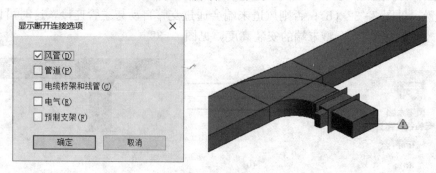

图7-34 风管断开检查

【举例7.14】在"实训楼通风空调工程"项目中，使用隔离开关显示对创建的风管进行检查。

风管显示隔离开关

7.5 暖通专业模型创建实例

7.5.1 项目导入

1. 任务简介

本工程为某实训楼通风空调系统，采用风机盘管半集中式空调系统，管线包括送风管、空调水管道。根据图纸对进行通风空调工程BIM建模。Revit模型完成效果见图7-35。

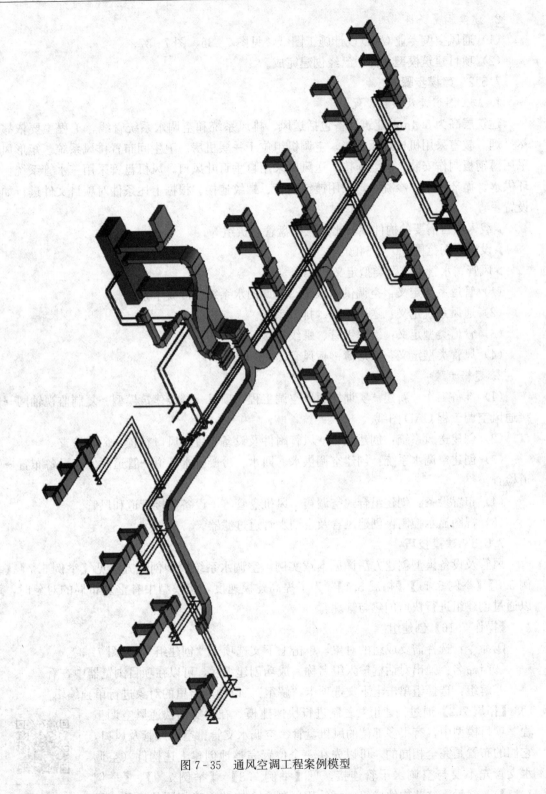

图 7 - 35　通风空调工程案例模型

2. 建模所需资料

(1) 通风空调专业 CAD 设计施工图纸，见图 7-36、图 7-37。

(2) 项目建筑模型文件，已经创建完成。

7.5.2　建模步骤

1. 施工图识读及项目设置

建筑层高为 5.4m，建筑设备包括送风、排风系统和空调水系统管线，工程主要依靠自然排烟。教室采用机械送风系统，空调机组位于一层机房。卫生间布置排风系统。矩形风管采用薄钢板制作安装，法兰连接。送风口采用自垂百叶风口。风机盘管采用三水管系统：循环供水、循环回水、冷凝水，采用镀锌钢管、螺纹连接。根据上述条件对项目文件进行如下设置：

➤载入项目需要的构件族，比如风机盘管、机组等。

➤设置视图范围：0 至 5400。

➤风管、水管系统及类型定义：

(1) 管道系统定义：空调供水系统、空调回水系统、冷凝水系统。

(2) 通风系统定义：送风系统、排风系统。

(3) 管道类型定义：镀锌钢管、螺纹连接。

(4) 风管类型定义：矩形薄钢板风管。

2. 建模步骤

(1) 准备工作：新建"实训楼通风空调工程"项目→链接建筑模型→复制监视轴网→链接通风空调工程 CAD 图纸。

(2) 创建送风系统：创建风管→风管附件及设备布置→风口布置→风管检查。

(3) 创建空调水系统：创建空调供水、回水、冷凝排水管道→管道附件及设备布置→管道检查。

(4) 布置设备：创建组合式空调箱、风机盘管等→设备连接管道和风管。

(5) 视图显示控制：创建风管及空调水管道过滤器。

7.5.3　建模技巧

风管及设备模型创建方法详见本章实例。空调水系统模型创建方法见【举例 5.7】【举例 5.8】【举例 5.11】【拓展 5.1】。为了提高建模速度，当模型中有重复布局的对象时，可以通过创建组进行快速创建与管理。

【操作 7.16】创建组

①命令：选择需要成组的对象，单击上下文选项卡"创建组"，见图 7-38。

②组命名：弹出对话框输入组名称。成功创建组后，可以在项目浏览器中查看。

③解组：选择组单击上下文选项卡"解组"，以便对组里的对象进行单独编辑。

【拓展 7.2】通过创建组并复制进行快速建模。在"实训楼通风空调工程"项目模型中，有很多部位的风机盘管、空调水支管、空调风管及风口，它们的布置是完全相同的，可以先在一个位置完整地创建上述构件（空调水支管先不要与空调水干管连接，见【举例 7.8】【举例 7.9】【举例 7.11】），然后将这些构件成组，再使用复制命令快速创建相同的对象，见图 7-39。最后将空调水支管与干管连接，参考【举例 5.8】【拓展 5.1】。

成组与复制

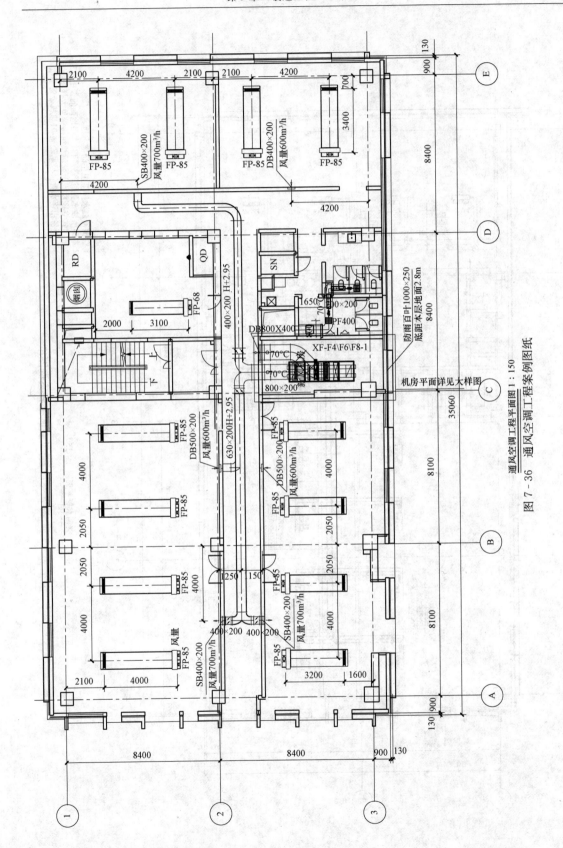

通风空调工程平面图 1 : 150

图 7 - 36　通风空调工程案例图纸

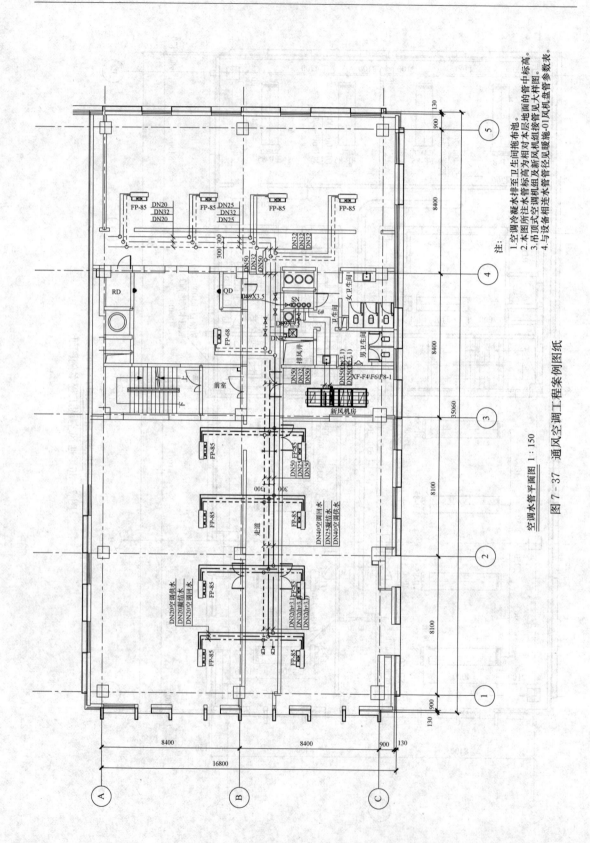

空调水管平面图 1 : 150

图 7 - 37 通风空调工程案例图纸

注：
1. 空调冷凝水排至卫生间拖布池。
2. 本图所注水管标高为相对本层地面的管中标高。
3. 吊顶式空调机组及新风机组接管见大样图。
4. 与设备相连接水管径见风机盘管径见暖施-01风机盘管参数表。

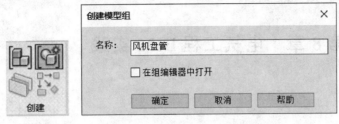

图 7 - 38　创建组

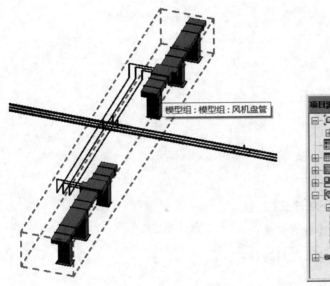

图 7 - 39　风机盘管创建组

总　结

　　创建项目文件并选择机械项目样板，同时链接土建模型以及暖通专业 CAD 图纸。风管的绘制是通风空调专业建模的重点，绘制风管前需要根据设计要求定义风管系统的类型，并在绘制风管时合理地加以选择，这样可以保证机械设备能顺利地连接风管，还能为创建风管过滤器提供必要的前提，达到理想的视图效果。风管中往往有多种管件，进行通风空调工程模型创建时，需要根据设计要求合理地选择管件类型并进行灵活的编辑。放置管件需要足够的空间，这样绘制风管时才会自动生成管件，如果空间不足，可以先加大放置管件的预留空间，待生成管件后再调整管线的位置进一步优化模型。空调系统中通常还包含给排水管道，建模时需要多专业协同配合。

第 8 章　电气工程 BIM 实践

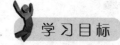

知识目标

了解电气项目样板的特征；

理解电力系统的含义；

理解线性图案的含义；

熟悉电缆桥架的类型。

能力目标

对 MEP 电气系统进行合理设置；

对电缆桥架及配件类型进行自定义；

布置电气及照明设备并建立逻辑连接；

绘制电缆桥架及导线；

创建配电盘明细表；

创建过滤器进行桥架显示效果的控制；

应用对象样式控制导线的显示。

素养目标

养成严谨的工作作风；

培养自主学习的习惯。

工作任务

应用 Revit 进行电气工程建模流程如图 8-1 所示。

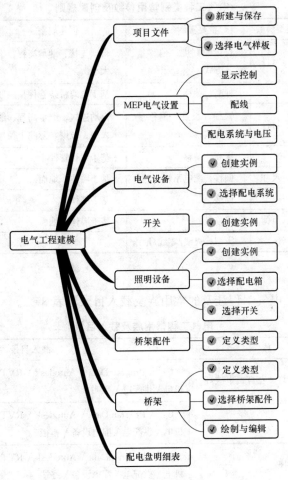

图 8-1　电气工程建模流程

8.1　概　　述

8.1.1　基本命令

电气系统涉及的类别有导线、电缆桥架、线管、电气设备、照明设备等，Revit 中创建模型的命令主要位于选项卡"系统"的"电气"区，见图 8-2。

图 8-2　电气工程常用命令

进行电气模型创建时，涉及的相关类别、族、参数及实例创建规则见表 8-1。

表8-1   电气工程类别常用参数及创建规则

类别/族	主要类型参数	主要实例参数	创建规则	创建方式
电缆桥架	构造、管件	长度、宽度、偏移量、对齐方式	自动连接、继承高程、继承大小	手动创建
电缆桥架配件	—	标高、偏移	基于电缆桥架管件	自动创建
线管	标准、管件	管径、长度、偏移量、对齐方式	自动连接、继承高程、继承大小、坡度、弯曲半径	手绘、自动连接
线管配件	—	标高、偏移	基于线管管件	自动创建
电气设备	电压、尺寸	偏移、配电系统	基于墙体、地面	手动创建
设备（开关、火警）	—	偏移	基于墙体	手动创建
照明设备	电气、负荷	偏移量	基于墙体、地面	手动创建
导线	电气	类型、火线/零线/地线	—	手动创建、自动连接

8.1.2 专业族

在 Revit 软件中，电气工程涉及的常用族及载入目录见表8-2。

表8-2   电气工程常用族及载入目录

类别	族	载入目录
照明设备	筒灯、台灯、花灯、事故灯	C：\ ProgramData \ Autodesk \ RVT 2018 \ Libraries \ China \ 机电 \ 供配电 \ 照明
电气设备	配电箱	C：\ ProgramData \ Autodesk \ RVT 2018 \ Libraries \ China \ 机电 \ 供配电 \ 配电设备 \ 箱柜
设备	开关、插座	C：\ ProgramData \ Autodesk \ RVT 2018 \ Libraries \ China \ 机电 \ 供配电 \ 配电设备 \ 终端
电缆桥架	带配件的电缆桥架、无配件的电缆桥架	
电缆桥架配件	—	C：\ ProgramData \ Autodesk \ RVT 2018 \ Libraries \ China \ 机电 \ 供配电 \ 配电设备 \ 电缆桥架配件

8.2 电气系统设置

8.2.1 电气设置

电气系统设置主要用于配置电气系统模型的显示效果、配线、配电系统、电压、电缆桥架、线管等，为后续建模奠定必要的基础。设置方法如下。

【操作8.1】电气系统设置

①命令：单击选项卡"管理→MEP设置→电气设置"，见图8-3。

②打开对话框，进行具体的设置，内容如下。

1. 隐藏线

电气工程模型通常需要众多的线条来表示，具体的表现方式可以通过"隐藏线"来设

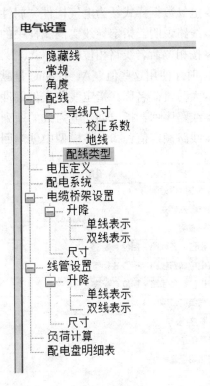

图 8-3 电气设置

置，如图 8-4 所示，具体内容如下：

➤绘制 MEP 隐藏线：指定是否按未隐藏线所指定的线样式和间隙来绘制电缆桥架和线管。

➤线样式：指定桥下段交叉点处隐藏段的线样式。

➤内部间隙：指定交叉段内显示的线的间隙。

➤外部间隙：指定在交叉段外部显示的线的间隙。

➤单线：指定在分段交叉位置处单隐藏线的间隙。

设置	值
绘制 MEP 隐藏线	☑
线样式	MEP 隐藏
内部间隙	0.5 mm
外部间隙	0.5 mm
单线	0.5 mm

图 8-4 隐藏线设置

2. 常规

"常规"选项卡用于设置电气相关数据的表达样式，如图 8-5 所示，具体内容如下：

➤电气连接件分隔符：指定用于分隔装置的"电气数据"参数的额定值的符号。

➤电气数据样式：为电气构件"属性"选项板中的"电气数据"参数指定样式。

➤线路说明：指定导线实例属性中的"线路说明"参数的格式。

➤按相位命名线路相位标签（A、B、C）：只有在使用属性面板为配电盘指定按相位命名线路时才使用这些值。A、B 和 C 是默认值。

➤大写负荷名称：指定线路实例属性中的"负荷名称"参数的格式。

➤线路序列：指定创建电力线的序列，以便能够按阶段分组创建线路。

➤线路额定值：指定在模型中创建回路时的默认额定值。

设置	值
电气连接件分隔符	-
电气数据样式	连接件说明电压/极数－负荷
线路说明	480V-3P/30A
按相位命名线路 - 相位 A 标签	A
按相位命名线路 - 相位 B 标签	B
按相位命名线路 - 相位 C 标签	C
大写负荷名称:	从源参数
线路序列:	数值 (1,2,3,4,5,6,7,8,9,10,11,12)
线路额定值:	20 A
线路路径偏移	2750

图 8-5　常规设置

3. 角度

"角度"选项用来指定在添加或修改电缆桥架或线管时要使用的管件角度，使用"传递项目标准"功能可以将管件角度的设置复制到其他项目中。

➤使用任意角度：Revit 将使用管件以任意角度连接电缆桥架。

➤设置角度增量：指定用于确定角度值的角度增量。

➤使用特定的角度：指定要使用的具体角度。

4. 配线

（1）设置：

➤环境温度：指定配线所在环境的温度。

➤配线交叉间隙：指定用于显示相互交叉的未连接的记号的样式。

➤导线记号：可以选择为火线、地线和零线显示的记号样式，见图 8-6。

➤横跨记号的斜线：可以将地线的记号显示为横跨其他导线的记号的对角线。

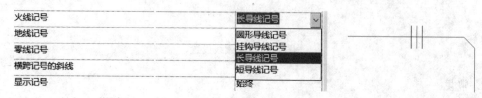

图 8-6　导线记号选择

（2）导线尺寸。系统默认载流量及导线尺寸与国内差别较大，一般需要重新设置，通过新建、删除可以自定义载流量及导线尺寸、直径，见图 8-7。

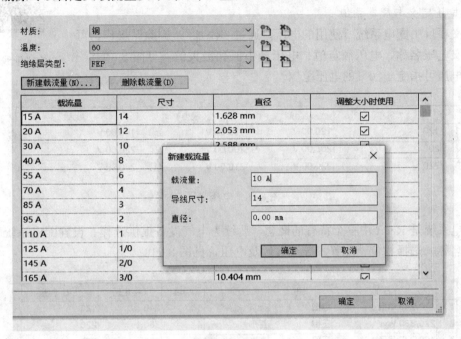

图 8-7　导线尺寸

（3）配线类型。用户可以预设导线的类型，后续在建模时可以直接选择导线类型并创建实例。导线类型可以自定义名称、材质、额定温度、绝缘层等，见图 8-8。

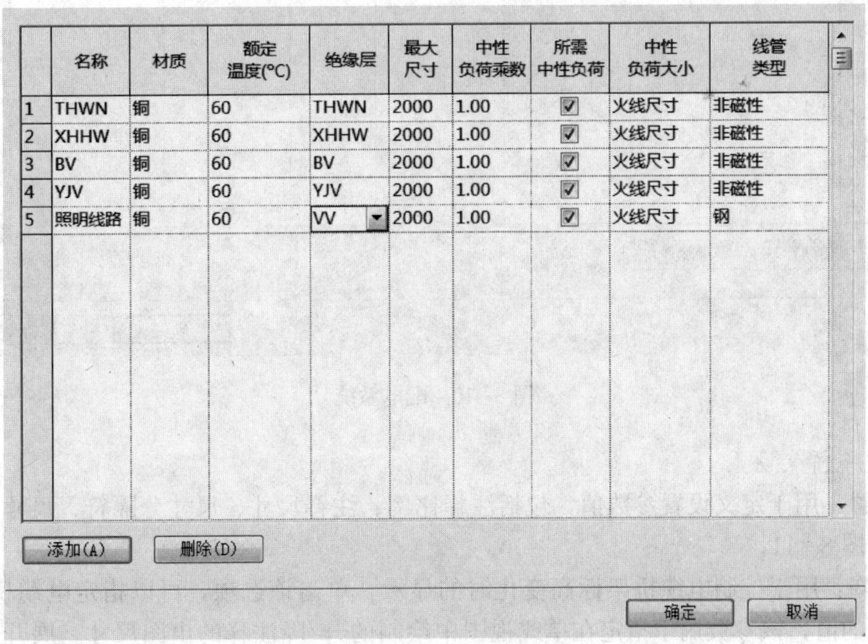

	名称	材质	额定温度(℃)	绝缘层	最大尺寸	中性负荷乘数	所需中性负荷	中性负荷大小	线管类型
1	THWN	铜	60	THWN	2000	1.00	☑	火线尺寸	非磁性
2	XHHW	铜	60	XHHW	2000	1.00	☑	火线尺寸	非磁性
3	BV	铜	60	BV	2000	1.00	☑	火线尺寸	非磁性
4	YJV	铜	60	YJV	2000	1.00	☑	火线尺寸	非磁性
5	照明线路	铜	60	VV	2000	1.00	☑	火线尺寸	钢

添加(A)　删除(D)　　　　　　　　　　　　　　确定　取消

图 8-8　配线类型定义

【举例 8.1】在"实训楼电气工程"项目文件中，自定义配线类型"照明线路"，材质选择"铜"，绝缘层选择"VV"。

自定义配线类型

5. 电压定义与配电系统

定义项目中配电系统所使用的电压。通过"添加""删除"操作，可以自定义电压名称，电压额定值、电压最小值和最大值，见图 8 - 9。一般每级电压可指定±20％的电压范围。

	名称	值	最小	最大
1	120	120.00 V	110.00 V	130.00 V
2	208	208.00 V	200.00 V	220.00 V
3	220	220.00 V	210.00 V	240.00 V

图 8 - 9 电压定义

配电系统是 Revit 中一个特有的概念，后续为电气设备提供选择。设置配电系统时可以自定义名称，选择相位、配置、导线数量及电压，见图 8 - 10。

	名称	相位	配置	导线	L-L 电压	L-G 电压
1	120/240 单相	单相	无	3	240	120
2	220/380 Wye	三相	星形	4	380	220
3	480/277 星形	三相	星形	4	480	277

添加(A)　删除(L)

确定　取消

图 8 - 10 配电系统

6. 电缆桥架设置

➤设置：用于定义设置参数值，包括注释比例、注释尺寸、尺寸分隔符、尺寸后缀、分隔符，见图 8 - 11。

➤升降：用于控制电缆桥架标高变化时的显示，单击该选项，可以指定电缆桥架升/降注释尺寸的值，该参数用于指定在单线视图中绘制的升/降注释的出图尺寸。展开后，包括"单线表示"与"双线表示"，定义在单线图纸中显示的升符号、降符号。

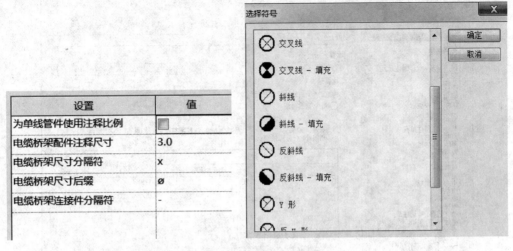

设置	值
为单线管件使用注释比例	☐
电缆桥架配件注释尺寸	3.0
电缆桥架尺寸分隔符	×
电缆桥架尺寸后缀	ø
电缆桥架连接件分隔符	-

图 8-11　电缆桥架设置

➤尺寸：右侧显示可以在项目中使用的电缆桥架尺寸表，在表中可以进行查看、修改、新建和删除操作。勾选后所选的尺寸将在绘制电缆桥架时出现在尺寸列表中。

线管设置与电缆桥架设置基本相同。

7. 负荷计算

用户可以自定义电气负荷类型，并为不同的负荷类型指定需求系数，针对需求系数，可以通过创建不同的需求系数类型，指定相应的需求系数"计算方法"来计算需求系数。

➤负荷分类：设置项目中要用到的负荷分类类型，选择"需求系数"和"选择用于空间的负荷分类"，见图 8-12（a）。

➤需求系数：设置需求系数类型，可以设置用于不同需求系数类型的计算方法，见图 8-12（b）。

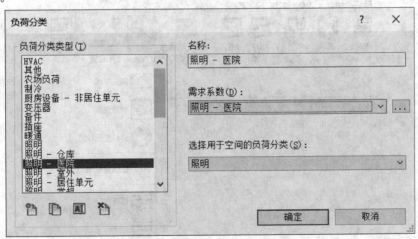

(a)

图 8-12　负荷分类与需求系数

(a) 符合分类选择

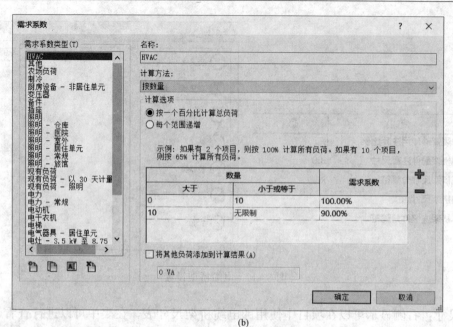

(b)

图8-12　负荷分类与需求系数（续）

(b) 需求系数设置

8.2.2　线型图案

Revit在建模时会创建大量的线条，比如轴线、轮廓线等，为了优化显示效果，软件支持对各种线采用不同的显示效果，线型图案即可实现这个目标。为了对电气系统的线路进行个性化的显示，可以预先自定义线型图案，建模后在视图可见性中加以应用。

【操作8.2】线型图案定义与编辑

①命令：单击选项栏"管理→其他设置，下拉菜单→线型图案"，见图8-13。

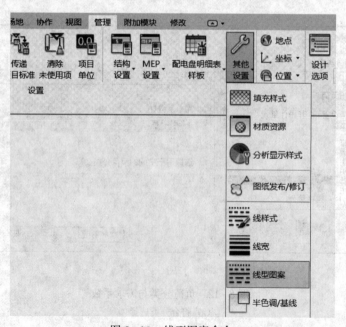

图8-13　线型图案命令

自定义线型图案

②自定义：打开"线型图案"，选择其中的线型图案进行编辑、重命名、删除等操作，也可以单击"新建"打开"线型图案属性"对话框，进行线型图案的自定义。

【拓展 8.1】在"实训楼电气工程"项目中，自定义"照明线路"线型，见图 8-14。

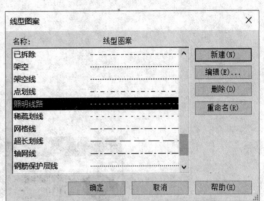

图 8-14　线型图案举例

8.3　电　气　设　备

8.3.1　配电箱

电气设备、照明设备是电气系统基本的组成部分，使用 Revit 创建电气工程模型时，首先进行配电箱、开关及照明设备的布置。

【操作 8.3】布置配电箱

①命令：单击选项卡"系统→电气设备"，见图 8-15。

②实例属性：选择一种配电箱类型，在属性面板"立面"中输入配电箱的安装高度。

③创建规则：一般选择"放置在垂直面上"。

图 8-15　配电箱设置

④在绘图区拾取墙体，单击放置配电箱。

⑤选择配电系统：选择创建的配电箱实例，在选项栏选择"配电系统"。或者在属性面板中进行设置，见图 8-16。

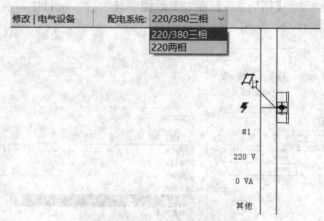

图 8-16　配电系统选择

【提示】配电箱需要基于面进行放置，包括"放置在垂直面上""放置在面上""放置在工作平面上"三种方式，可以在选项卡中选择，一般放置配电箱之前需要先创建面或载入土建模型。

【举例 8.2】在"实训楼电气工程"项目中，如图 8-17 所示放置配电箱，其配电系统选择"220/380 三相"。

8.3.2　灯具与开关

1. 灯具布置

一般情况下，灯具布置在天花板上，因此创建灯具时，需要进入天花板视图，具体创建方法如下。

放置配电箱

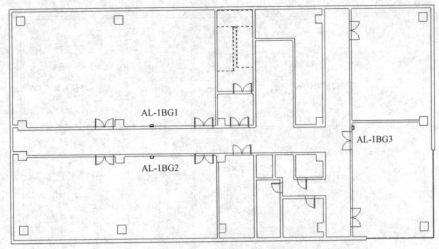

图 8-17　创建配电箱举例

【操作 8.4】布置灯具

①选项卡 "系统→照明设备"，在属性面板中选择不同灯具的类型，一般还可以选择灯具的功率，见图 8-18。

②创建规则：在上下文选项卡选择一种合适的安装方式，同配电箱。

③放置：进入天花板视图，根据不同的放置方式，在绘图区单击拾取墙体或平面完成灯具的布置。

> **【提示】**为了布置灯具，需要先创建天花板。

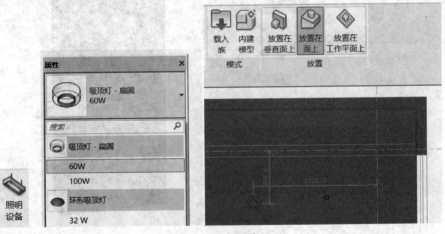

图 8-18　灯具布置

布置照明设备

【举例 8.3】在 "实训楼电气工程" 项目中，如图 8-19 所示布置照明设备，类型选择 "吸顶灯 60W"。

2. 开关与插座布置

作为电气系统的基本组成部分，开关与插座的布置方法相似，以开关为例，其创建方法如下。

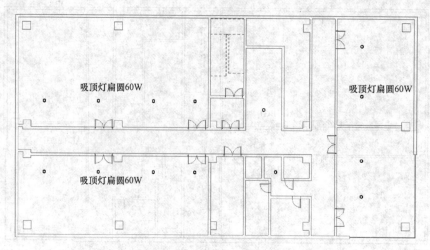

图 8-19　创建照明设备举例

【操作 8.5】布置开关

①命令：选项卡单击"系统→设备（电气）→下拉菜单→照明"，见图 8-20；

②创建规则：在上下文选项卡选择"放置在垂直面上"，这是开关常见的安装方式。

③放置：将鼠标定位到墙体，单击完成放置。

布置开关

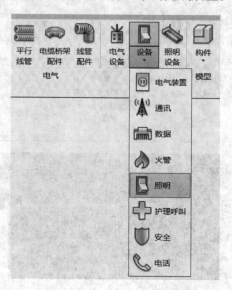 

图 8-20　开关布置

【提示】一般开关默认的偏移量为 1200mm，可以通过属性面板进行调整。布置开关需要先创建墙或链接土建模型。

3. 连接灯具和开关

当灯具和开关创建完成后，接下来可以为灯具连接开关，建立二者之间的逻辑连接。

【操作 8.6】灯具连接开关

①命令：选择已经布置的灯具，单击上下文选项卡"修改→开关→选择开关"，见图 8-21。

②绘图区拾取开关。当绘图区出现边框时表示灯具与开关逻辑连接成功。

灯具连接开关

图 8-21　灯具连接开关

8.3.3　配电盘明细表

当完成配电盘、灯具及开关等电气设备的创建后，在 Revit 中可以通过配电盘明细表查看配电盘的相关信息。

【操作 8.7】创建配电盘明细表样板

①命令：选项卡"管理→配电盘明细表样板→下拉菜单：管理样板"，见图 8-22（a）。

②新建样板：打开对话框，选择样板类型，并进行配电盘配置，单击 📄 复制新建一个样板并命名，见图 8-22（b）。

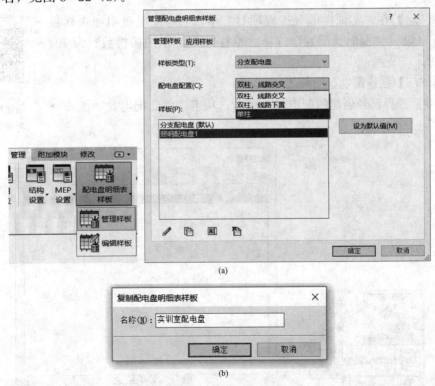

图 8-22　创建配电盘明细表样板

（a）管理配电盘明细表样板；（b）新建配电盘明细表样板

③编辑样板：进入"修改配电盘明细表样板"选项卡，可以对样板进行编辑，单击"设置样板选项"可以进行进一步的设置。编辑完成后单击"完成样板"，见图 8-23。

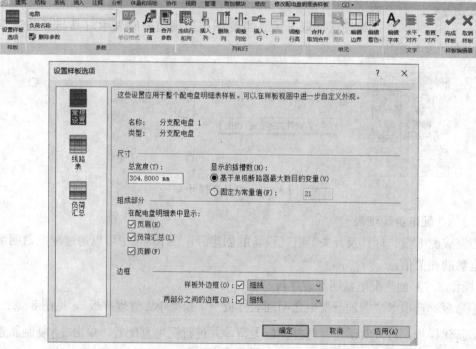

图 8-23　配电盘明细表样板编辑

【举例 8.4】在"实训楼电气工程项目"中，创建配电盘明细表样板"实训室配电盘"，"配电盘配置"选择"单柱"，"显示的插槽数"为 10，见图 8-23。

创建配电盘
明细表样板

【操作 8.8】创建配电盘明细表

①命令：选择已经创建的配电盘，单击选项卡"创建配电盘明细表→选择样板"，见图 8-24。

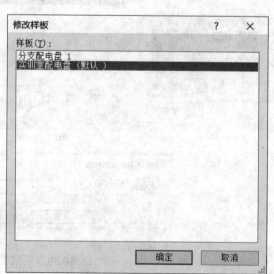

图 8-24　配电盘明细表创建

②样板及属性：选择明细表样板，完成创建→通过属性面板或者项目浏览器修改明细表的名称。

【提示】创建的配电盘明细表会出现在项目浏览器中，选中配电盘明细表后通过右键菜单可以进行查看、重命名、删除等操作，见图 8-25。

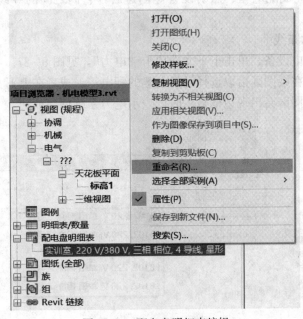

图 8-25　配电盘明细表编辑

创建配电盘明细表

【举例 8.5】在"实训楼电气工程项目"中，为房间照明配电箱创建配电盘明细表，样板选择"实训室配电盘"，如图 8-26 所示。

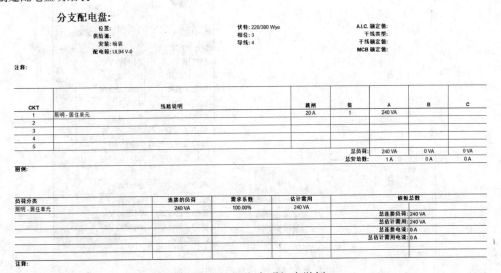

图 8-26　配电盘明细表举例

8.4 电 气 配 线

8.4.1　自动布线

在 Revit 中，当完成配电箱、照明设备等创建后，它们之间的导线基本可以自动进行创建。

【操作 8.9】自动布线

①命令：选择用电设备，单击上下文选项卡"电力"，见图 8-27。

②选择配电箱：在绘图区拾取选择已经创建的配电箱，或者在上下文选项卡"面板"下拉列表中选择。当绘图区会出现边框显示时，表示电力系统创建成功。

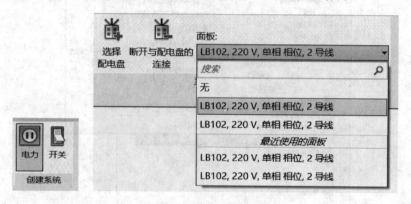

图 8-27　选择配电盘

③选择导线类型：在上下文选项卡选择一种导线的类型，即可自动完成导线的创建，见图 8-28。导线的类型详见 8.4.2。

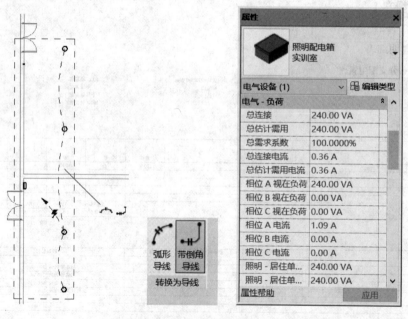

图 8-28　自动布线

【提示】（1）连接完成后，可以选中配电箱，通过其属性面板查看连接的线路信息（图8-28），也可以打开配电盘明细表获取相关信息。用电设备连接配电盘时，要注意参数的匹配，否则无法完成连接，见图8-29。

（2）如果设备间的导线没有自动生成连接，可以拖拽导线端点或手动绘制，详见8.4.2。

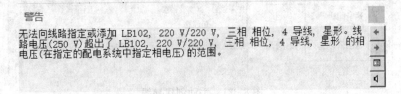

警告

无法向线路指定或添加 LB102，220 V/220 V，三相 相位，4 导线，星形。线路电压（250 V）超出了 LB102，220 V/220 V，三相 相位，4 导线，星形 的相电压（在指定的配电系统中指定相电压）的范围。

图 8-29　连接错误提示

8.9 自动生成导线

【举例 8.6】在"实训楼电气工程"项目中，为照明设备创建导线，如图8-30所示。导线类型选择自定义的"照明线路"（见【举例8.1】）。

8.4.2　手动创建线路

对于开关与灯具间实际的线路，软件不支持自动创建，有时可能自动创建的导线无法满足设计要求，这时需要手动创建线路。

吸顶灯扁圆60w

吸顶灯扁圆60w

吸顶灯扁圆60w

导线：导线类型：照明线路

图 8-30　创建导线举例

【操作 8.10】手动创建导线

①命令：选项卡"系统→导线"，下拉菜单选择一种导线类型，见图8-31。

②在属性面板下拉列表中选择一种导线类型。

③绘制导线：选择任意族的电气连接点作为起点，选中另一个族的电气连接点作为终点，完成一条导线的绘制。

导线有三种类型（图8-32），具体绘制方法如下：

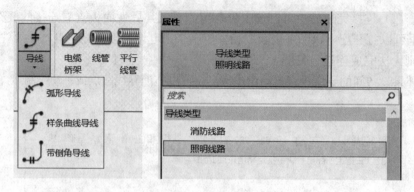

图 8-31　手动创建导线

（1）采用"弧形导线"绘制时，首先单击起点，后单击中点，最后单击终点；

（2）采用"样条曲线导线"绘制时，首先单击起点，后选择多个中点，最后单击终点；

（3）采用"带倒角导线"绘制时，首先单击起点，后选择多个中点，最后单击终点。

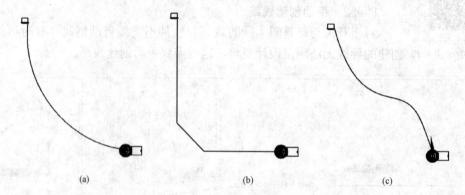

　　　　　(a)　　　　　　　　　　　　　　(b)　　　　　　　　　　　　(c)

图 8-32　导线的基本类型

（a）弧形导线；（b）样条曲线导线；（c）带倒角导线

【举例 8.7】在"实训楼电气工程"项目中，手动绘制导线，完成开关与灯具的连接。

8.4.3　线路编辑与检查

对于已经创建的导线，可以通过其属性面板修改线路相关的信息，也可以通过绘图区进行简单的编辑，方法如下。

手动绘制导线

【操作 8.11】导线编辑

①在绘图区选择已经创建的导线实例，单击旁边的"＋"及"－"进行火线数量的增减调整，见图 8-33。

Revit 软件提供了线路检查工具，当项目中的导线创建完成后，可以借助"检查线路"功能进行检查，如果存在问题软件会给出提示。"显示隔离开关"也具备线路检查的功能，操作方法同管道检查，见图 8-34，这里不再赘述。

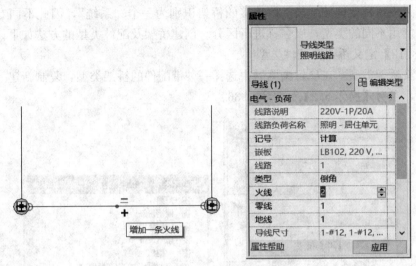

图 8 - 33 导线编辑

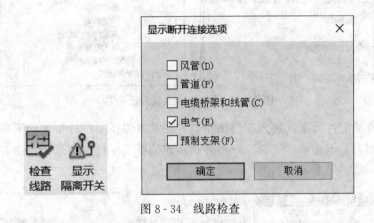

图 8 - 34 线路检查

8.5 电 缆 桥 架

8.5.1 桥架及配件类型定义

作为电气系统的基本组成部分，Revit 中的桥架分为带配件和无配件两类。带配件桥架默认有三种类型：托盘式、梯级式、槽式，我们可以根据设计要求进行选择，见图 8 - 35。电缆桥架配件一般包括垂直等径上弯通/下弯通、异径接头、水平三通、水平四通等。

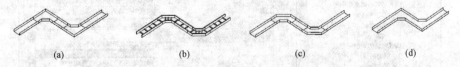

图 8 - 35 电缆桥架基本类型
(a) 带配件槽式；(b) 带配件梯级式；(c) 带配件托盘式；(d) 无配件

实际工程中桥架种类可能有多种，比如弱电、安防等，为了区分显示，对不同专业的桥架需要分别使用不同的桥架类型，以名称进行区分。与管道系统不同的是，当选择带配件桥架时，软件无法将桥架连接件与其所连接的桥架识别为一个"系统"，因此不同专业的桥架配件也需要使用不同的类型，以名称进行区分。创建桥架及配件类型的方法如下。

【操作 8.12】定义桥架及配件类型

①自定义桥架类型：在项目浏览器中选择一种带配件的桥架类型，复制新建一种桥架类型→重命名，参考【操作 5.3】，见图 8-36。

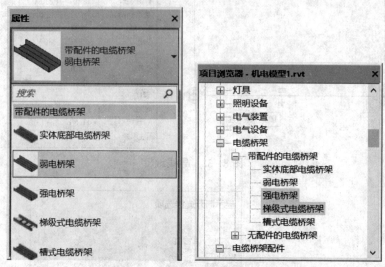

图 8-36 电缆桥架及配件重命名

②自定义桥架配件类型：进入项目浏览器，在"电缆桥架配件"类别下单击选择与桥架配套的配件类型，右键菜单"复制"→对复制新建的桥架配件类型进行重命名，保证配件名称与桥架名称一致，见图 8-37。

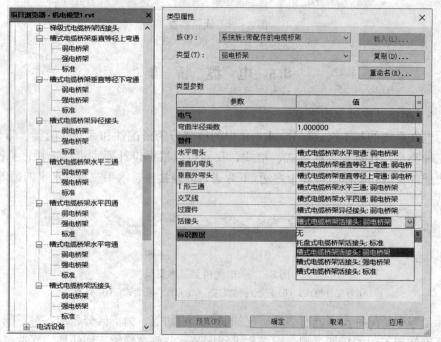

图 8-37 电缆桥架定义及配置

③桥架类型配置管件：选择自定义的桥架类型，属性面板单击"类型编辑"→打开对话框，在"管件"的下拉列表中选择自定义的配件，单击"确定"，见图 8 - 37。

自定义桥架及
配件类型

【举例 8.8】在"实训楼电气工程"项目中，自定义两种桥架及配件类型，类型名称分别为"强电桥架"及"弱电桥架"，完成桥架管件配置，见图 8 - 36、图 8 - 37。

对于已经创建的桥架，如果创建时没有区分类型，也可以对其进行修改。方法如下。

【操作 8.13】桥架及配件类型替换

①创建桥架及配件的类型，命名一致，方法同上。

②桥架类型替换：选择某一个桥架类型的全部实例（方法见【操作 2.14】），属性面板中选择自定义的桥架类型进行替换，见图 8 - 38。

③使用同样的方法，将已经创建的桥架配件进行类型替换。

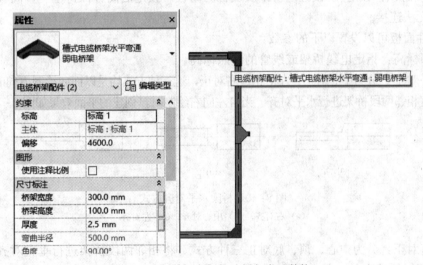

图 8 - 38　桥架实例的选择与类型替换

8.5.2　桥架绘制

1. 基本命令

当完成电缆桥架及配件的定义后开始进行桥架的绘制，桥架的创建与风管绘制相似。

【操作 8.14】桥架绘制

①命令：单击选项卡"系统→电缆桥架"，见图 8 - 39。

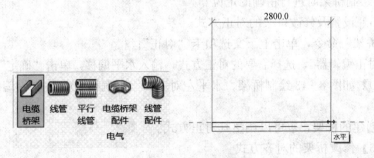

图 8 - 39　桥架绘制命令

②类型属性：选择电缆桥架类型。

③实例属性：选择宽度、高度，输入偏移量。

④绘制桥架：单击鼠标确定桥架起点，鼠标移动到桥架变径、转向的位置，再次单击确定桥架的终点，完成一段桥架的绘制。继续单击左键可以绘制连续的桥架，按下 ESC 退出命令，操作同风管绘制。

【提示】像管道一样，绘制电缆桥架时软件能够自动生成桥架配件。

2. 实例参数

进入绘制命令后，可以通过选项栏设置下列参数：

➤宽度：指定矩形电缆桥架的断面宽度。

➤高度：指定矩形电缆桥架的断面高度。

➤偏移量：指定电缆桥架或线管相对于参照标高的垂直高程。

➤锁定/解锁：锁定/解锁电缆桥架及线管的高程。锁定后高程保持不变，高程不同时桥架或线管无法连接。

在属性面板可以设置以下的参数：

➤参照标高：指定电缆桥架或线管的参照标高。

➤水平对正：分为中心对正、左对正、右对正，这三种方式均是以面向绘制方向时的左、右为基准，将相邻两段桥架进行水平对齐。当自左向右绘制时，创建的平面效果如图 8‑40 所示。

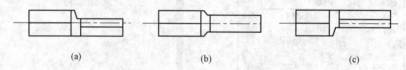

图 8‑40　桥架水平对齐方式

(a) 右对齐；(b) 中心对齐；(c) 左对齐

➤垂直对正：分为中心、顶、底对正三种方式，将相邻两段桥架进行垂直对齐。同样的偏移量，不同的垂直对正方式会影响桥架的定位，详见 6.3.2。

【举例 8.9】在"实训楼电气工程"项目中，绘制图 8‑41 所示桥架，电缆桥架及配件类型分别选择"弱电桥架"和"强电桥架"，偏移 3700。

3. 绘制规则

绘制桥架

进入桥架命令后，上下文选项卡中会出现"继承高程""继承大小""自动连接"（图 8‑42），这几项功能与管道相似，详见 5.3.3。通过"对正"能够在绘制桥架时进行精确的定位。

【操作 8.15】设置及修改桥架的对正方式。

①进入"桥架"命令，单击上下文选项卡"对正"；

②进入"对正编辑器"，选择需要的对正方式，输入水平偏移，单击"确定"，见图 8‑43。

【举例 8.10】如图 8‑43 绘制桥架，水平左对齐，水平偏移 500mm，沿墙中心线从右向左绘制。

对于已经创建的桥架，也可以调整其对正方式。

【操作 8.16】修改桥架的对齐方式

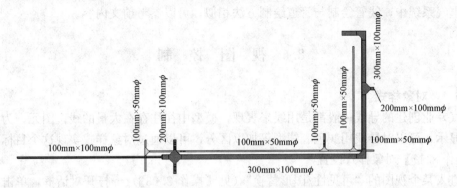

图 8-41 桥架绘制举例

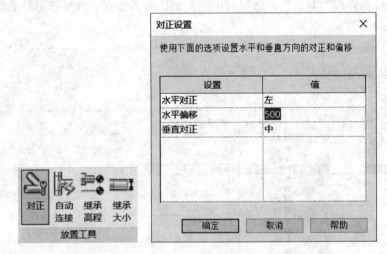

图 8-42 对正设置

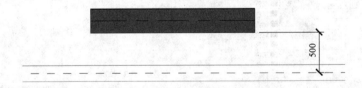

图 8-43 桥架对齐水平偏移举例

①选择已经创建的桥架实例，单击上下文选项卡"对正"；

②选项卡出现"对正编辑器"，可以修改水平及垂直的对齐方式，拾取对齐线，选择控制点，见图 8-44。

图 8-44 修改桥架对齐方式

在电气系统中，线管绘制与管道绘制方法相似，可以参考前文内容。

8.6　视　图　控　制

8.6.1　对象样式

电气专业创建的导线一般都是用线来表现，模型中往往存在大量的线型图元，为了将线路突出显示，可以对导线用颜色、线型等加以区分，可以通过对象样式实现这个目标。

【操作 8.17】对象样式设置

①进入某个视图的"可见性/图形替换"（见【操作 2.23】）→打开对话框，单击"对象样式"；

②打开"对象样式"对话框，选择其中的类别，对其线宽、线型等进行编辑，选择线型图案，见图 8-45。

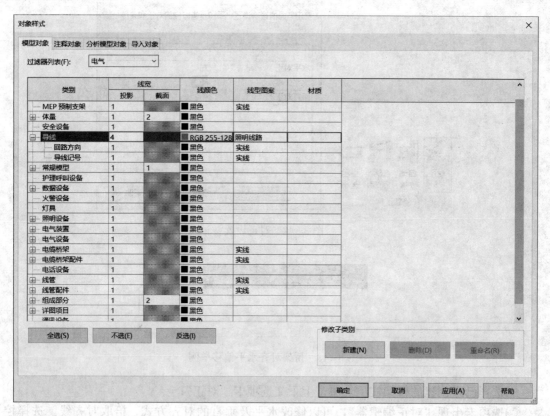

图 8-45　对象样式

【举例 8.11】强化电气模型中的导线显示效果。在"实训楼电气工程"项目中，对象样式使用自定义的"照明线路"线型图案，颜色设置为红色，线宽为 4，显示效果如图 8-46 所示。

8.6.2　过滤器应用

若要对不同类型桥架的视图效果加以区分，需要使用过滤器。可以通过类型名称进行过滤，这样就能对不同类型的桥架及配件进行区别

强化导线
显示效果

显示。

【举例 8.12】在"实训楼电气工程"项目中，添加过滤器，将"强电桥架"和"弱电桥架"区分显示。创建"强电桥架"和"弱电桥架"两个过滤器，类别选择桥架、配件，过滤条件分别设置为类型名称等于"强电桥架"和"弱电桥架"，采用这样的过滤器分别控制两种桥架的视图显示，见图 8-47。

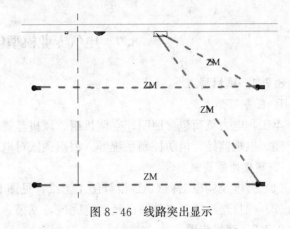

图 8-46　线路突出显示

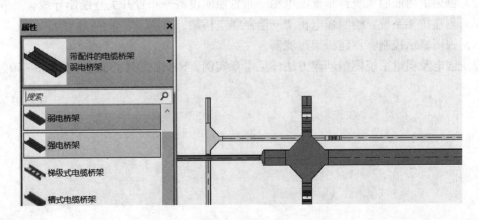

图 8-47　电缆桥架过滤器设置及视图控制

8.7　电气专业模型创建实例

8.7.1　项目导入

1. 任务简介

本工程电力负荷包含照明、空调机组、风机盘管等设备。弱电系统包括计算机网络、语音广播、电视监控、消防控制系统等。根据图纸对电气工程进行 BIM 建模。

2. 建模所需资料

(1) 强电及弱电工程 CAD 设计施工图纸，见图 8-48、图 8-49；

(2) 项目建筑模型文件，已经创建完成，见第 4 章。

8.7.2　建模步骤

1. 施工图识读及项目设置

建筑层高为 5.4m，配电箱安装高度 1.8m，总配电箱尺寸 1165mm×1065mm，配电间位于每层走廊转角处，户配电箱 180mm×320mm，开关高度 1.3m，照明采用圆形吸顶灯 60W。强电线路采用电缆 YJV4×25＋1×16 穿 PVC 管 DN40 埋地入户，室内强电主干线采用 100mm×50mm 桥架沿走廊敷设，户内用 PVC 管穿 VV 线全部沿墙暗敷至用电设备处，室内弱电主干线采用 300mm×100mm 封闭金属桥架沿走廊敷设。

➢载入项目需要的构件族，比如照明设备等。

➢设置视图范围：－1000 至 5400。

➢类型定义：

(1) 电缆桥架类型定义：强电桥架、弱电桥架。

(2) 导线类型定义：实训楼配线，VV 绝缘层。

2. 建模步骤

(1) 准备工作：新建"实训楼电气工程"项目→链接建筑模型→复制监视轴网→链接强电工程及弱电工程 CAD 图纸。

(2) 创建室内照明系统：布置配电箱→布置照明设备→布置开关→绘制导线。

(3) 创建桥架系统：绘制强电桥架→绘制弱电桥架。

(4) 视图显示控制：创建桥架过滤器。

建筑强电及弱电系统模型创建方法详见本章实例。Revit 模型完成效果见图 8-50。

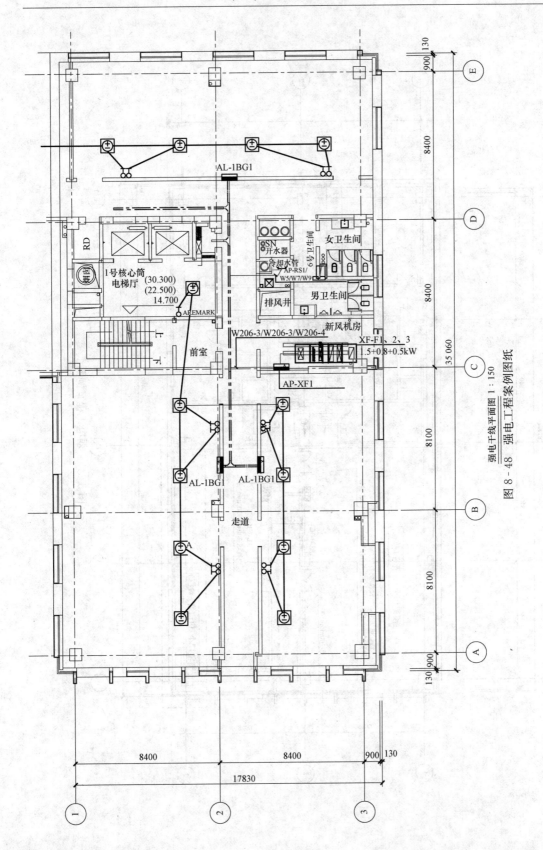

AL-1BG1

RD

SN
开水器

冷却水管

AP-RS1/
W5/W7/W9

6号卫生间

女卫生间

男卫生间

排风井

1号核心筒
电梯厅 (30.300)
(22.500)
14.700

AREMARK

前室

新风机房

W206-3/W206-3/W206-4

XF-F1、2、3
1.5+0.8+0.5kW

AP-XF1

AL-1BG1   AL-1BG1

走道

图 8 - 48 强电工程案例图纸

强电干线平面图 1：150

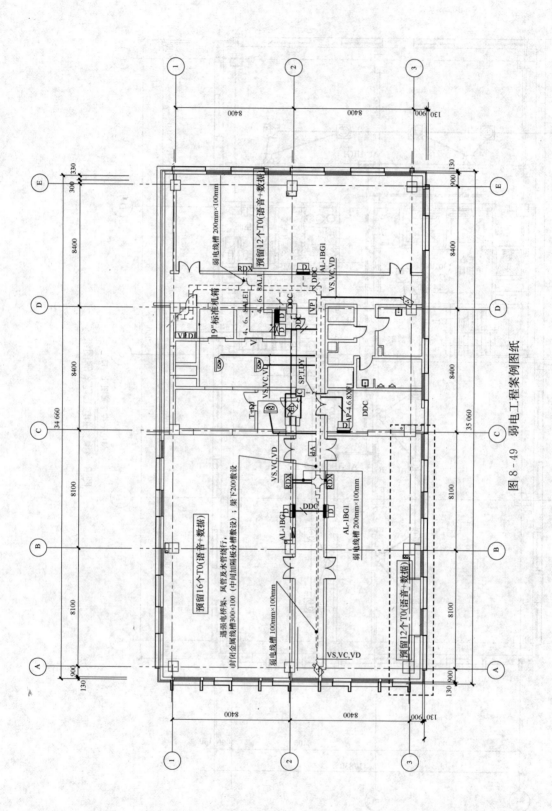

图 8 - 49 弱电工程案例图纸

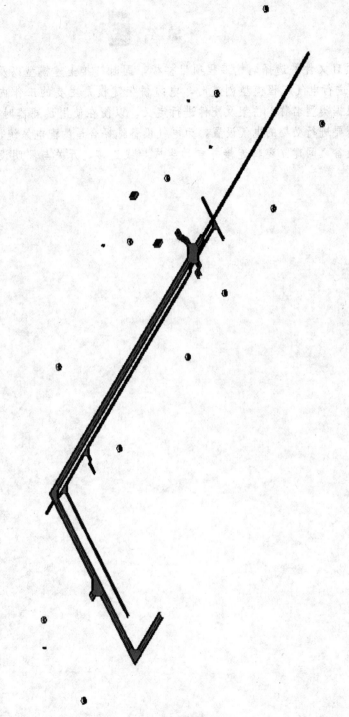

图 8 - 50　电气工程案例模型

总　结

　　创建项目文件并选择电气工程项目样板，同时链接土建模型以及电气专业 CAD 图纸。应用 Revit 进行电气工程模型创建时，电缆桥架建模是主要的工作内容。绘制桥架实例之前，需要根据类型名称对桥架及配件进行定义，以便在使用过滤器时能够进行准确的筛选。在建模前需要进行必要的电气设置，为电气设备选择合适的配电系统，以便使电气设备、开关、照明设备之间建立逻辑连接并自动生成导线连接，开关与照明设备之间需要手动创建导线。

第 3 篇
设备工程BIM综合应用

第 9 章 管线综合深化设计

 学习目标

知识目标

熟悉管线综合设计的基本要求；

了解净高分析及模型优化的策略。

能力目标

通过绑定链接对各专业模型进行整合；

对多专业模型进行净高分析并进行综合排布；

调整构件的偏移及位置；

运行碰撞检查并导出碰撞报告；

对发生碰撞冲突的构件进行定位并调整避让；

对模型构件进行避让优化及土建预留洞口。

素养目标

培养团队协作精神；

养成严谨的工作作风。

工作任务

模型创建完成后，进行深化设计的流程如图 9-1 所示。

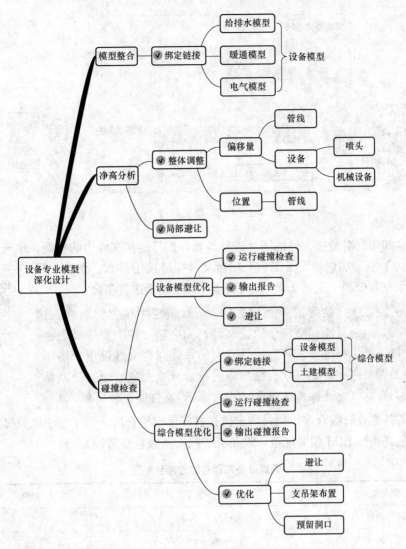

图 9-1 深化设计流程

9.1 模型整合

　　设备专业涉及专业较多，各类管线、设备众多，布置复杂，为了避免专业之间产生影响，需要各个专业进行协调设计。由于链接的模型无法进行编辑，当给排水、消防、通风空调等专业完成建模后，为了便于后续各专业对模型的协同优化，往往需要将多个模型整合为一个项目文件。

　　【操作 9.1】绑定链接

　　①链接某个项目文件，见【操作 3.9】。

　　②命令：选择链接的模型，单击上下文选项卡"绑定链接"，见图 9-2。

　　③弹出"绑定链接"对话框，选择包含的要素，单击"确定"→弹出"重复类型"及警告对话框，均单击"确定"。

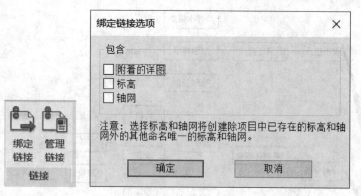

图 9-2　绑定链接

④解组：如果要对链接文件的图元进行编辑，选择链接文件中的实例，单击"解组"。

【举例 9.1】在"实训楼设备工程"项目文件中链接给排水、消防、暖通、电气各个专业模型（见第 2 篇），然后通过绑定链接进行整合。

【提示】采用以上方法完成模型整合后，后续的模型优化将继续在这个项目中进行，最终只能提交一个综合文件，如果需要各个专业提交独立的模型文件，可以只链接，不绑定，得到的管线综合文件仅用于协同观察，具体的调整则在各专业原有模型中进行，修改完成后通过"重新载入链接"的方式（见【操作 3.10】）在管线综合文件中进行更新。

绑定链接

由于设备各专业管线众多，通过绑定链接进行模型整合后，为了便于区分显示，可以分配不同的颜色，按照 BIM 相关规范，设备类管线视图颜色参考表 9-1。

表 9-1　　　　　　　　　　　　建筑设备工程各专业颜色配置

系统类型	颜色代码（RGB）	颜色
空调—送风	102—255—255	
空调—回风	191—000—255	
空调—排风	255—255—000	
空调—新风	000—255—000	
空调—排烟	255—000—000	
空调水—冷却供	000—255—191	
空调水—冷却回	191—191—000	
空调水—热水回/供	128—000—064	
空调水—冷水供	000—255—255	
空调水—冷水回	137—146—153	
空调水—冷凝水	000—255—000	
空调水—补水	000—153—050	
消防—自喷	255—000—255	

续表

系统类型	颜色代码（RGB）	颜色
消防—消火栓	255—000—000	
给水—热水供	255—127—191	
给水—热水回	000—255—255	
给水—生活水	000—255—000	
给水—中水	000—204—153	
排水—污水	255—255—000	
排水—废水	153—051—051	
排水—雨水	000—076—057	
排水—通气	232—232—000	
电气—强电	255—000—255	
电气—弱电	102—255—255	
电气—消防桥架	255—000—000	

9.2　净高分析与管线综合深化设计

9.2.1　净高分析

工程项目往往对建筑内部的净空高度有一定的要求，这就需要在项目设计时进行净高分析，满足实际的使用需求。当模型创建完成后，使用 Revit 软件能够实现这样的目标。借助软件自带的功能，可以对管线进行简单的净高分析，不同高度的风管能够在视图中以不同的颜色显示。以风管为例，操作方法如下。

【操作 9.2】风管净高分析

①复制一个包含设备管线的平面视图，打开新复制的视图。

②命令：单击选项卡"分析→风管图例"，见图 9-3。

③在绘图区放置图例，打开"选择颜色方案"对话框，单击"确定"。

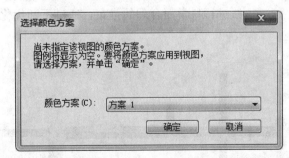

图 9-3　创建风管图例

④编辑方案：选择图例，单击上下文选项卡"编辑方案"→打开对话框，复制新建一个颜色方案并重命名 [图 9-4（a）]→进入"编辑颜色方案"对话框，颜色选择"底部高程"

"按范围"→编辑区输入分界数值、设置颜色，见图 9 - 4（b）。

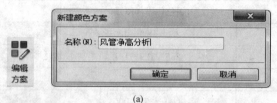

(a)

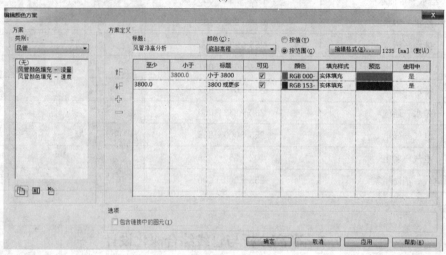

(b)

图 9 - 4　编辑颜色方案

（a）新建颜色方案；（b）编辑颜色方案

【提示】为了正确地显示颜色方案，需要先关闭通风系统的过滤器。

净高分析

【举例 9.2】在"实训楼设备工程"项目中，对通风系统进行净高分析，管底高程限值为 3.8m，以此为界限进行分区显示。效果如图 9 - 5。

实际项目中管线种类众多，彼此错综交叉，仅凭上述方法进行净高分析是远远不够的。需要通过剖面、三维视图，还要借助软件的碰撞检查功能，对各个区域进行全面的分析，对给排水、消防、电气、通风等各类管线进行科学而合理的排布，通过不断优化，来满足项目空间的需求。

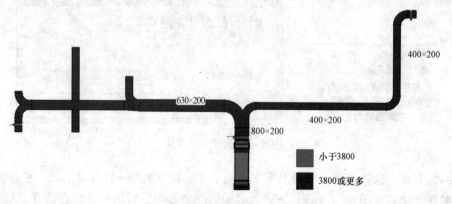

图 9 - 5　净高分析效果

9.2.2　机电管线综合深化设计

根据设计要求，建筑中各个区域都有一定的净高要求，受制于建筑层高及结构梁的限制，只有对各类管线进行合理的排布，才能满足净高需要。合理布置各专业管线，最大限度地增加建筑使用空间，减少由于管线冲突造成的二次施工。

1. 管线综合排布原则

（1）总体原则。管线综合排布的总体原则见表 9-2。

表 9-2　　　　　　　　　　　　管线综合排布的总体原则

原则	举例
实现功能	优先满足、空调专业管线设备的布置
满足规范	喷头布置间距满足规范要求
施工方便	同类型管线尽量共用吊架安装
维修方便	管线旁边留有必要的空间
节约成本	尽量缩短管道长度
消除隐患	在同一垂直方向时，电管、桥架在上，水管在下进行布置
安全可靠	水管、风道、桥架不得与梁、柱冲突
布局美观	规格相近的管道集中布置

（2）避让原则。有压管让无压管，水管让风管，小管线让大管线，施工简单的避让施工难度大的。施工时：先安装大管，后安装小管；先施工无压管，后施工有压管；先施工上层电管、桥架，后安装下层水管。做综合排布时先考虑重力管的位置，由于重力管有坡度，如果排布过低会造成净高不满足问题，所以重力管的高位尽量贴近梁。

（3）管道间距。考虑到水管、空调风管保温层的厚度，水管外壁距墙的距离最小有 100mm 的距离，直管段风管距墙距离最小 150mm。沿结构墙需 90°拐弯的风管及有消声器、较大阀部件等区域，根据实际情况确定距墙柱距离，管线布置时考虑无压管道的坡度。不同专业管线间距离，尽量满足施工规范要求。

（4）考虑机电末端空间。整个管线的布置过程中考虑到以后灯具、烟感、喷头等的安装，电气桥架安装后放线的操作空间及以后的维修空间，电缆布置的弯曲半径不小于电缆直径的 15 倍。带风口的风管排布时主要考虑风口处不能排布管道。

【举例9.3】在"实训楼设备工程"项目中，参考图 9-6 优化喷头及送风口的位置，确保喷头及送风口与天花板齐平。

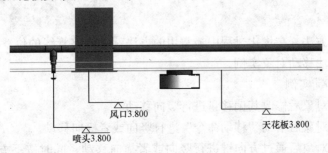

图 9-6　末端优化

（5）管道纵向排列。管线综合协调过程中根据实际情况综合布置，一般在竖向排列管线时应遵循以下原则。

1）热介质管道在上，冷介质在下；

2）无腐蚀介质管道在上，腐蚀性介质管道在下；

3）气体介质管道在上，液体介质管道在下；

4）保温管道在上，不保温管道在下；

5）高压管道在上，低压管道在下；

6）金属管道在上，非金属管道在下；

7）不经常检修管道在上，经常检修的管道在下。

2. 设计依据

机电综合图应参照以下内容进行综合：

（1）建筑、结构、装修、机电各专业施工图纸以及相关的技术变更。

（2）相关设计、施工规范、行业标准，以及标准图集。主要包括《建筑给水排水设计规范》（GB 50015—2019）、《建筑设计防火规范》（GB 50016—2014）、《民用建筑采暖通风与空气调节设计规范》（GB 50736—2012）、《建筑照明设计标准》（GB 50034—2013）、《供配电系统设计规范》（GB 50052—2009）、《建筑给水排水与采暖工程施工质量验收规范》（GB 50242—2002）、《通风与空调工程施工质量验收规范》（GB 50243—2016）、《建筑电气工程施工质量验收规范》（GB 50303—2015）等。

3. 综合深化的内容和方法

（1）综合排布内容：

1）综合协调机房及各楼层平面区域或吊顶内各专业的路由，确保在有效的空间内合理布置各专业的管线，以保证吊顶的高度，同时保证机电各专业的有序施工。

2）综合排布机房及各楼层平面区域内机电各专业管线，协调机电与土建、精装修专业的施工冲突。弥补原设计不足，减少因此造成的各种损失。

3）综合协调竖向管井的管线布置，使管线的安装工作顺利地完成，并能保证有足够多的空间完成各种管线的检修和更换工作。

【举例 9.4】参考图 9-7 所示剖面图，对"实训楼设备工程"项目进行管线综合排布，满足净高 3.8m 的要求。

【提示】在进行管线综合优化设计时，各专业不可随意更改原设计方案，以免影响系统运行效果，因实际工程各施工单位做法略有区别，管线综合工作除兼顾上述内容外，还应征求施工现场专业人员意见。

（2）管线调整方法。在优化过程中最常用的方法就是调整管线的位置，在 Revit 软件中可以采用下面的方法移动对象实例。

【操作 9.3】移动实例

方法一：选中对象后修改其偏移量进行竖向移动。

方法二：选中对象后借助"移动命令"进行竖向或者横向移动。

方法三：选中对象后通过方向键进行竖向或者横向移动，同时按下方向键和 shift 可以快速移动。

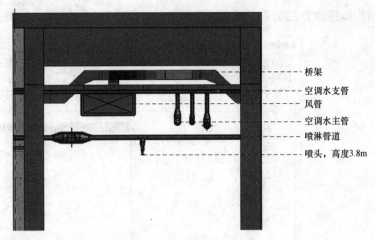

图 9-7 管线综合排布方案

方法四：选中对象后直接拖拽。

当整体移动管线后，有时会发生软件报错，导致调整失败。这时可以通过警告内容对报错的图元进行定位，从而实现模型精准的调整，提高优化的效率。

【操作 9.4】按 ID 查找图元

①命令：单击选项卡"管理→按 ID 选择"，见图 9-8。

②图元定位：打开对话框，输入 ID，单击确定将发生问题的图元定位并显示。

按 ID 查找图元

 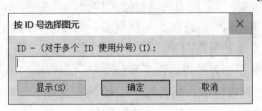

图 9-8 按 ID 查找图元

9.3 碰撞检查与模型优化

9.3.1 碰撞检查

作为 BIM 技术在设备工程应用的最重要的功能之一，碰撞检查能够发现建筑设备各专业模型之间是否存在空间上的冲突，Revit 软件自身即具备这个功能。管线综合排布完成后，接下来就可以进行碰撞检查。

碰撞检查

【操作 9.5】碰撞检查

①命令：单击选项卡"协作→碰撞检测→下拉菜单：运行碰撞检查"，见图 9-9。

②选择碰撞的类别：打开"碰撞检查"对话框，选择"类别来自"，勾选类别，单击"确定"运行碰撞检查。

③查看及输出碰撞检查的结果。

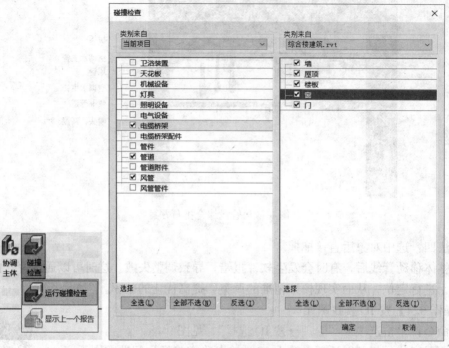

图 9-9　碰撞检查

【提示】Revit 软件支持碰撞的类别既可以来自"当前项目",也可以来自"链接的项目"。但是链接的项目之间无法进行碰撞检查。如果碰撞检查在设备各专业之间进行,类别一般包括管道、风管、桥架、机械设备、管道附件等,左右两边都选择"当前项目"即可;如果要检查设备与建筑或结构专业之间的碰撞,需要一边选择"当前项目"中的管道、风管、桥架等,另一边选择"链接项目"中的墙、屋顶、楼板等类别。

系统若没有发现碰撞,则告知"未检测到冲突",否则弹出"冲突报告"对话框(图9-10),给出详细的碰撞信息,相关操作如下:

图 9-10　碰撞点显示

➤显示：选择一个图元信息，单击该按键，则会在绘图区高亮显示该图元，帮助设计人员进行优化设计。

➤刷新：单击"刷新"按键，报告内容将进行更新，便于判断碰撞问题是否解决。也就是说，用户不退出冲突报告，即可修改模型。

➤导出：能够把报告导出保存，默认为 html 格式，见图 9-11。用户可以将内容复制到 Excel 中，保存为表格文件。

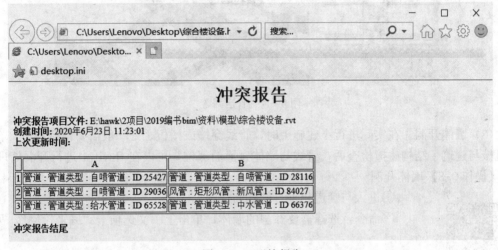

图 9-11　碰撞报告

【提示】此处的刷新，仅重新核查报告问题的修改情况，不重新运行碰撞检查。由于修改模型后可能引起新的碰撞，这时只有重新运行碰撞检查后才能检查出来。

当重新运行碰撞检查后，还想查看上一次碰撞检查结果，可以按下面方法操作。

【操作 9.6】查看上一次碰撞检查报告

命令：单击选项卡"协作→碰撞检测→下拉菜单：显示上一个报告"，见图 9-9。

9.3.2　模型优化

1. 优化方法

Revit 碰撞检查发现碰撞后，软件无法对碰撞的位置自动进行修改，需要用户手动加以调整，常见的优化方法如下：

（1）调整管道位置。整体调整高度或者位置是相对简单的优化方法。如果碰撞的管道周围空间较大，允许让管道进行整体位移，可以采用这种办法。

（2）管线翻弯。要是发生碰撞的管道周围空间有限，无法整体调整管道，则只能通过翻弯进行局部调整，具体操作方法如下。

【操作 9.7】管线翻弯

①管线局部截断：选中桥架实例，单击上下文选项卡 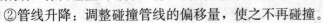 或者 ，执行"拆分图元"命令→在发生碰撞的位置两侧分别单击左键两次，各进行两次截断→保留碰撞的部分，将两侧截断的管线删除，见图 9-12。

②管线升降：调整碰撞管线的偏移量，使之不再碰撞。

③管线连接：把抬升或落下的管道与原有管道连接。

管线翻弯

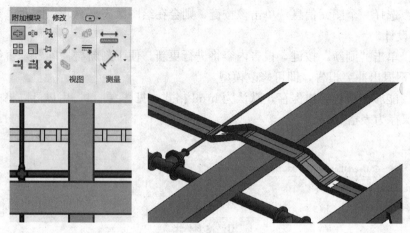

图9-12 管道翻弯

（3）墙体开洞。在实际进行土建施工时，管线穿墙或楼板之处一般需要预留洞口，在完成机械与建筑、结构碰撞检查后，管线与墙体碰撞的部位，可以在Revit中进行开洞处理。

【操作9.8】墙体开洞

墙体开洞

①进入与管道相垂直的立面视图。

②命令：选择需要开洞的墙体，单击上下文选项卡"编辑轮廓"，见图9-13。

③绘制洞口：以管道中心为圆心，使用圆形命令绘制同心圆，单击✔。

【提示】只有链接并绑定建筑工程模型后才能进行墙体开洞。

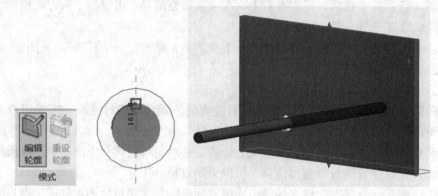

图9-13 墙体开洞

2. 模型复制与竖向连接

当对标准层的设备模型进行碰撞检查并优化后，最后可以将优化后的模型复制到其他楼层。

【操作9.9】模型复制

①复制：进入标准层平面视图，选择优化后的设备模型，单击选项卡 📋 复制到粘贴板。

②粘贴：单击上下文选项卡"粘贴→与选定的标高对齐"→打开对话框，选择其他标高，单击"确定"完成复制，参考【操作4.28】。

【提示】可以借助过滤器对设备模型构件进行筛选，避免复制标记、视图等不必要的图元，见图 9 - 14。

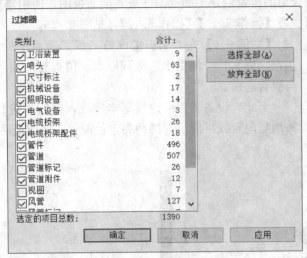

图 9 - 14　标准层设备模型对象选择

【举例 9.5】在"实训楼设备工程"项目文件中，将一层的设备模型复制到 F2、F3 楼层，如图 9 - 15 所示。

待模型复制完成后，最后创建管道、风管、桥架竖向管线，将各楼层的设备模型进行连接，同时补充部分进、出户管线及附件、设备，创建完整的模型。

标准层设备
模型复制

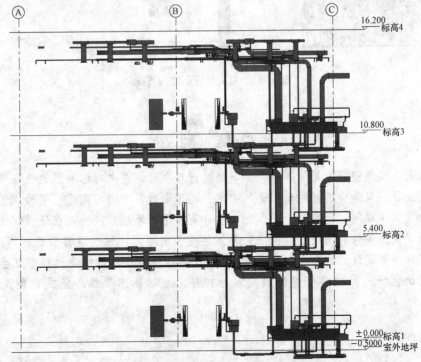

图 9 - 15　标准层模型复制到其他楼层

【操作9.10】竖向管线绘制与连接

①绘制竖向管线：方法见【操作5.8】。

②管线连接：在合适的位置创建剖面视图→进入剖面视图，使用修剪命令或拖拽管道将横管与立管连接，可参考【操作5.10】【操作5.12】，见图9-16。

绘制竖向管线并
与横管连接

【举例9.6】在"实训楼设备工程"项目中绘制生活给水、中水、污水、废水、空调供水、空调回水、消火栓、喷淋及送风竖向管线并与横管连接。

至此，设备工程的建模基本完成，最后再进行一次碰撞检查，将添加竖向管线可能引起的冲突进行调整，完成最终的综合模型创建。

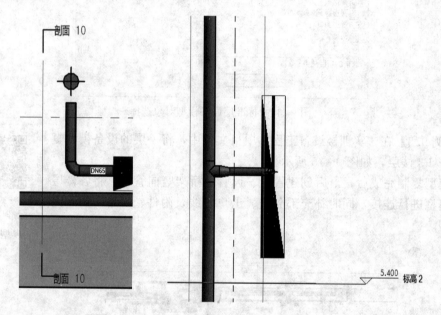

图9-16　竖向管线创建与连接

总　结

将给排水、通风空调、消防等各专业模型进行整合后，首先对标准层的设备模型进行管线综合深化设计。只有将链接的模型进行绑定后，才能对其中的实例进行编辑，否则只能在各个单专业文件中单独进行修改。管纵深化设计需要不断地积累经验，在遵循管线综合排布的原则并满足施工条件的基础上，按照先整体再局部的原则，通过调整管线的高度及位置，使建筑内部净高满足设计的需求。然后借助Revit的碰撞检查功能修改模型中发生碰撞的实例。最后将优化好的标准层模型复制到其他楼层，绘制竖向管线，完成完整设备模型的创建。

第 10 章 参 数 与 族

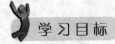 学习目标

知识目标

理解族的含义；

理解项目参数和共享参数的含义；

熟悉三维模型创建形状的方法。

能力目标

自定义并应用项目参数和共享参数；

创建简单的三维族构件，对其添加参数、连接件、文字及材质；

创建标记族。

素养目标

养成严谨的工作作风；

培养自主学习的习惯。

工作任务

创建参数和族包含的工作任务及流程如图 10-1 所示。

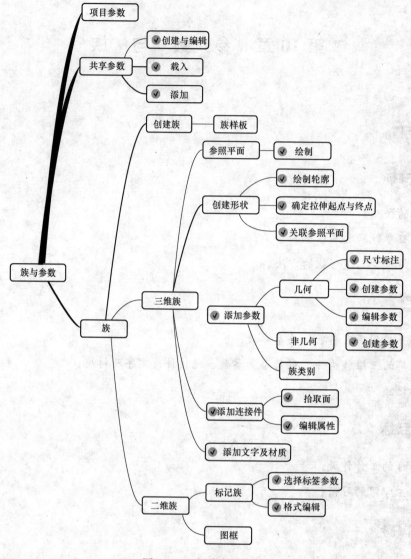

图 10-1　创建参数和族

10.1　自定义参数

参数化建模是 BIM 技术的灵魂，亦是构成 Revit 构件的基本要素，除了默认的参数，软件支持用户自己创建参数。参数分为项目参数和共享参数两种类型，二者皆可出现在明细表中，区别在于前者只能在本项目中使用，且无法出现在标记中；后者可以由多个项目和族共同使用，且可以出现在标记中。

10.1.1　项目参数

【操作 10.1】项目参数创建

①命令：选项卡"管理→项目参数"，见图 10-2。

②打开"项目参数"对话框，单击"添加"。

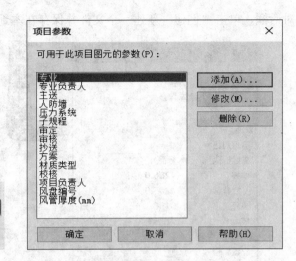

图 10-2 创建项目参数

③属性定义：打开"参数属性"对话框，"参数类型"选择"项目参数"。在"参数数据"中为项目参数命名，并选择"规程"及"参数类型"，单击"确定"，见图 10-3。

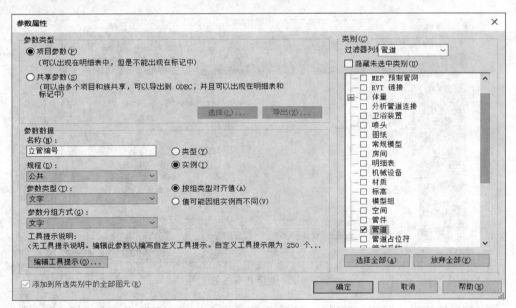

图 10-3 参数设置

④回到"项目参数"对话框，在列表中选中新创建的参数后单击"确定"。

【举例 10.1】创建"立管编号"项目参数，其属性定义：名称为"立管编号"，规程、参数类型都选择"公共"。"类别"中选择"管道"，完成创建后该参数出现在属性面板中。见图 10-3、图 10-4。

10.1.2 共享参数

【操作 10.2】共享参数创建与应用

①创建共享参数文件：单击选项卡"管理→共享参数"→打开

创建项目参数

"编辑共享参数"对话框，单击"创建"新建一个文件并保存在本地，见图 10 - 5。

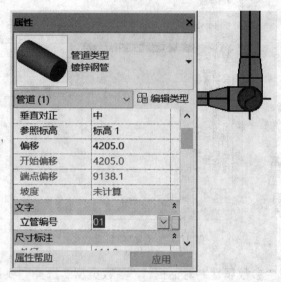

图 10 - 4　项目参数举例

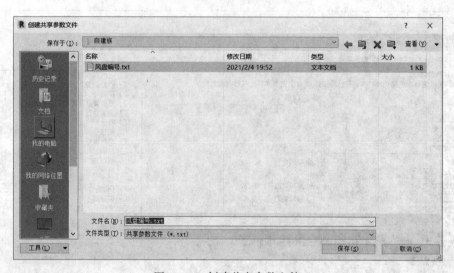

图 10 - 5　创建共享参数文件

②参数属性编辑：回到"编辑共享参数"对话框，先"新建"组，再"新建"参数，输入名称、设置规程及参数类型，方法同项目参数的设置，见图 10 - 6。

③载入共享参数：打开另一个项目文件，单击选项卡"管理→共享参数"→打开"编辑共享参数"对话框，点击"浏览"→打开已经创建的共享参数文件，则创建的共享参数即可出现在列表中。

④添加共享参数：打开"项目参数"对话框，单击"添加"［图 10 - 7 (a)］→打开"参数属性"对话框：选择"共享参数"，单击"选择"→打开"共享参数"对话框：选择载入的共享参数，单击"确定"→回到"参数属性"对话框：选择"类别"，单击"确定"，见图 10 - 7 (b)。

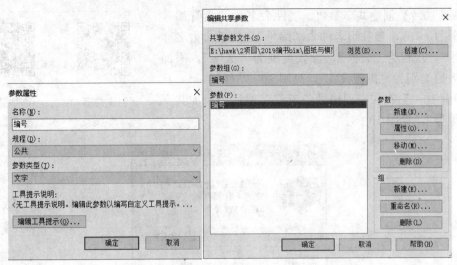

图 10-6　编辑共享参数

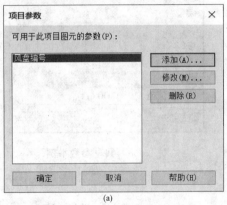

(a)

(b)

图 10-7　添加共享参数

（a）添加项目参数；（b）参数属性设置

【举例 10.2】创建共享参数，文件命名为"盘管编号 .txt"（图 10 - 5），参数组名称为"编号"，共享参数名称为"编号"，规程为"公共"，参数类型为"文字"，添加共享参数的类别为"机械设备"，见图 10 - 7（b）。

创建共享参数

添加共享参数

【举例 10.3】在"实训楼设备工程"项目中添加共享参数"编号"，见图 10 - 8。

图 10 - 8　共享参数举例

10.2　创　建　族

作为 Revit 模型构成的重要的要素，族可分为三维模型构件族和二维标记类族。三维模型构件族通常为安装在建筑内的系统构件，例如风机盘管。为了提高建模的精度，往往需要用户创建可载入族并应用到具体项目中，通过不断积累，逐渐形成完备的专业族库资源，基于构件族创建实例来完成模型的搭建。二维标记类族主要用于二维出图制作。

10.2.1　族的创建与保存

在 Revit 软件中，可载入族能够作为独立文件使用，创建并保存一个族文件，这样后续就能反复使用，操作方法如下。

【操作 10.3】新建族文件

①命令：单击菜单"文件→新建→族"。

②打开对话框，选择一个族样板文件，单击"打开"，见图 10 - 9。

【提示】创建新的族时，需要基于相应的样板，族样板默认放置在 C：\ ProgramData \ Autodesk \ RVT 2018 \ Family Templates \ Chinese 文件内，一般可以选择"常规公制模型"。

图 10 - 9　选择族样板

【操作 10.4】保存族文件

方法一：将新创建或修改的族在 Revit 中打开，菜单"文件→另存为→族"。

方法二：打开项目，单击菜单"文件→另存为→库→族"编辑"要保存的族"下拉菜单，可以设置导出单个族或所有族。

【举例 10.4】新建并保存"风机盘管自定义"族文件。

10.2.2　三维模型创建

1. 参照平面

参照平面是创建三维模型时需要的重要工具，精确建模时往往需要参照平面作为定位的基准，一般创建形状之前需要先创建参照平面。

【操作 10.5】创建参照平面

①命令：单击选项卡"创建→参照平面"，见图 10 - 10。

②参照平面定位及绘制：拾取已有图元的端点→移动鼠标待出现引导线后，输入长度然按回车键确定参照平面的起点→移动鼠标后单击左键确定终点，完成参照平面的绘制。

图 10 - 10　创建参照平面

【举例 10.5】在"风机盘管自定义"族文件中创建图 10 - 11 所示参照平面。

2. 形状创建

实际的构件模型有各种各样的形状，形状是创建模型的主要工具，包括拉伸、融合、旋转、放样等，如图 10 - 12 所示。

创建参照平面

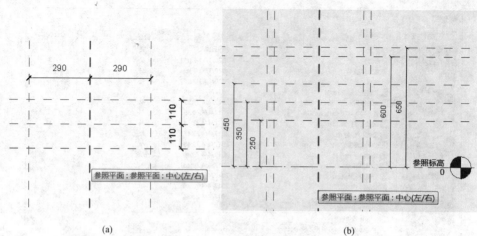

图 10 - 11　创建参照平面举例

(a) 平面；(b) 立面

图 10 - 12　形状创建

（1）拉伸。在模型中，与某条直线垂直的断面形状保持不变时，比如管道、柱等，可以采用拉伸进行创建。

【操作 10.6】拉伸

①命令：单击选项卡"创建→拉伸"。

②绘制断面轮廓：进入某个平面或立面视图中，使用绘制命令创建草图，通过选项栏设置偏移、深度，见图 10 - 13。

③设置拉伸长度及位置：在属性面板中输入拉伸起点、拉伸终点；或者进入与草图视图相垂直的视图中，拖拽"造型操纵柄"进行拉伸。拉伸结束后单击上下文选项卡 ✔。

④关联参照平面：单击 🔲 将拉伸体轮廓线与参照平面关联。

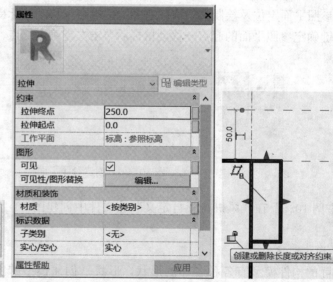

图 10 - 13　拉伸操作

创建拉伸时，拉伸体的实例属性如下：

➤偏移：绘制草图时实际创建轨迹相对鼠标定位轨迹的偏移量；

➤深度：拉伸起点与终点之间的距离；

➤拉伸起点/终点：起点/终点相对基准的偏移量。

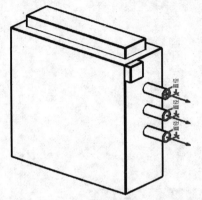

图 10 - 14　风机盘管模型举例

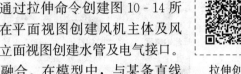

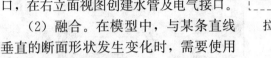

拉伸创建
模型

【举例 10.6】在"风机盘管自定义"族文件中通过拉伸命令创建图 10 - 14 所示模型。在平面视图创建风机主体及风口，在右立面视图创建水管及电气接口。

（2）融合。在模型中，与某条直线垂直的断面形状发生变化时，需要使用融合命令进行创建。

【操作 10.7】融合

①命令：单击选项卡"创建→融合"。

②创建底部草图，操作同拉伸。

③创建顶部草图：单击上下文选项卡"编辑顶部"，创建顶部草图，操作同拉伸，见图 10 - 15。

④设置拉伸长度及位置，操作同拉伸。

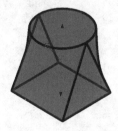
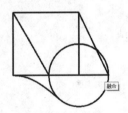

图 10 - 15　融合操作

（3）旋转。通过绕轴放样二维轮廓时，模型的旋转是以同一平面中的线及几何形状进行创建的，线作为几何形状的旋转轴，形体绕该线段旋转生成三维模型。

【操作 10.8】旋转

①命令：单击选项卡"创建→旋转"。

②绘制断面草图。

③设置旋转角度，见图 10 - 16。

④指定旋转轴，在绘图区拾取。

（4）放样。当三维模型由某一平面沿一条路径移动形成，可以采用放样实现。

【操作 10.9】放样

①命令：单击选项卡"创建→放样"。

②绘制路径：进入某个立面视图，单击上下文选项卡"绘制路径"，绘制路径草图，单击 ✔，见图 10 - 17。

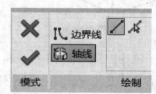

图 10-16　形状旋转

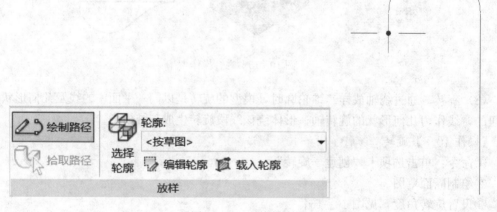

图 10-17　绘制路径

③编辑轮廓：单击上下文选项卡"编辑轮廓"，选择某个平面视图，进入平面视图后绘制轮廓草图，单击✔，见图 10-18。

④再次单击✔，完成创建。

【提示】编辑轮廓时，草图要定位在前面绘制的路径上，否则创建的模型会有偏差。

【举例 10.7】使用放样创建图 10-19 所示水龙头。

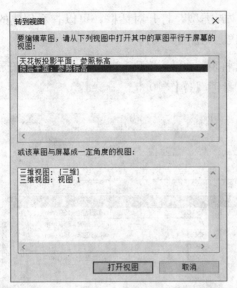

图 10 - 18 编辑轮廓

3．添加参数

（1）几何参数。

【操作 10.10】几何参数定义

①尺寸注释：以参照平面为边界线，对需要的尺寸参数进行尺寸注释，参考【操作 4.9】。

②定义参数：选择尺寸注释，单击　，打开"参数属性"对话框→输入参数名称，选择"实例参数"或者"类型参数"，单击"确定"，见图 10 - 20。

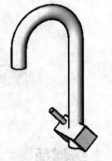

图 10 - 19 放样举例

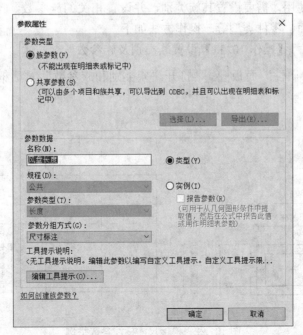

图 10 - 20 参数属性定义

③查看与编辑参数：单击选项卡"族类型"打开对话框，可以查看创建的参数，并修改参数值，或者定义公式将多个参数关联，见图 10-21。

【提示】当标注尺寸需要以中线对称时，可使用 EQ 进行等分（见【拓展 4.1】）。彼此存在关联的位置需要关联参照平面，参考【操作 10.6】。

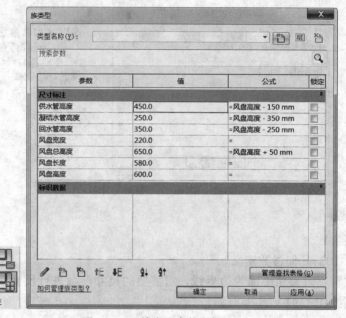

图 10-21　族类型参数举例

创建几何参数

【举例 10.8】创建图 10-22 所示尺寸标注几何参数。

（2）非几何参数。模型创建完成后，为了便于后续在项目中快速地使用，需要设置其族类别，并设置相关的族参数，比如是否基于工作平面、零件类型等。操作方法如下。

【操作 10.11】设置族类别及族参数

①单击选项卡"属性"面板 ，打开"族类别和族参数"对话框选择族类别，见图 10-23。

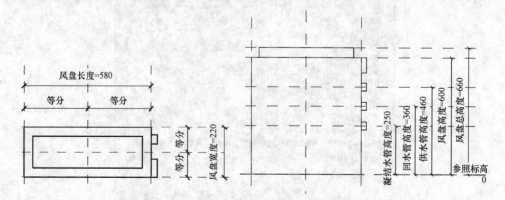

图 10-22　模型尺寸标注参数举例

创建构件族时，往往需要使用一些非几何参数，比如设备的功率，Revit 支持用户自定义族类型及类型参数，可以对族类型进行新建、重命名、编辑、删除。

【操作 10.12】自定义族类型及类型参数

①单击选项卡"属性"面板 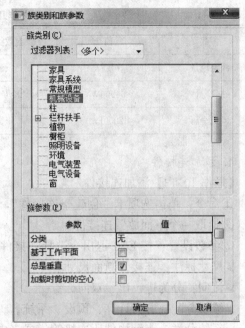，打开"族类型"对话框，可以对族类型进行新建、重命名，见图 10 - 24。

②新建类型参数：单击 打开"参数属性"对话框，设置类型参数的名称、规程、参数分组方式，同几何参数的定义，见【操作 10.10】。

③定义参数值：回到"族类型"对话框，新建的参数出现在列表中，可以输入参数值或公式，设置完成后单击"确定"。

图 10 - 23 族类别及族参数设置

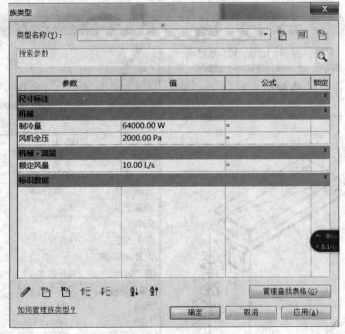

图 10 - 24 定义类型参数值

【举例 10.9】将"风机盘管自定义"族类别设置为"机械设备"。按表 10 - 1 创建非几何参数。

创建非几何参数

表10-1 定义非几何参数举例

参数	值	参数类型	参数分组方式	规程
额定风量	10L/s	风量	机械—流量	
制冷量	64000W	冷负荷	机械	HVAC
风机全压	2000Pa	压力	机械	

4. 添加连接件

【操作10.13】添加连接件

①命令：单击选项卡"创建→连接件"，见图10-25。

②拾取一个平面放置连接件。

③参数设置：按ESC退出→选择连接件，在属性面板中设置参数，具体内容如下：

➤尺寸标注：连接件断面尺寸。

➤流向：分为进、出、双向。

➤流量分配：分为计算、预设、系统。

➤系统分类：表示构件所连接管道或者电气线路的系统分类。

➤连接件说明：用文字描述连接件的功能。

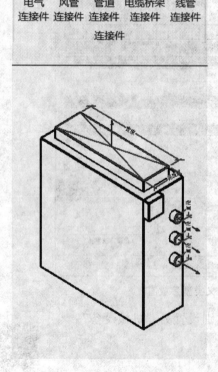
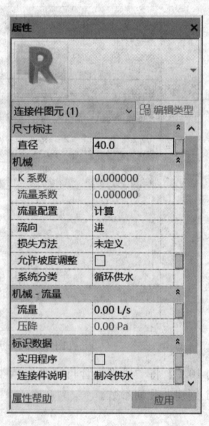

图10-25 添加连接件举例

【举例 10.10】为"风机盘管自定义"模型添加连接件，要求如下：

冷水供水管：直径 40mm，流向选择"进"，系统分类选择"循环供水"。

冷水回水管：直径 40mm，流向选择"出"，系统分类选择"循环回水"。

冷凝水管：直径 40mm，流向选择"出"，系统分类选择"卫生设备"。

送风接口：矩形，高度 140mm，宽度 500mm，流向选择"进"，系统

模型添加
连接件

分类选择"送风"。

5. 添加文字及材质

有时需要在模型表面创建一些文字，可以通过模型文字实现。

【操作 10.14】添加文字

①选择放置文字的平面：单击选项卡"创建→设置"，打开"工作平面"对话框，选择"拾取一个平面"，拾取放置文字的平面，见图 10 - 26。

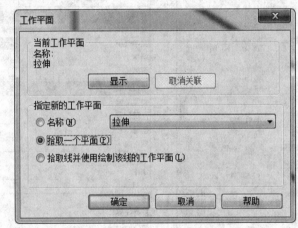

图 10 - 26　拾取平面

②文字创建：单击选项卡"创建→模型文字"，打开"编辑文本"对话框，输入文字内容，单击"确定"，见图 10 - 27。

图 10 - 27　编辑文字

③文字编辑：选择创建的模型文字，通过属性面板设置文字的深度，通过编辑类型，修改文字的字体、高度（图 10-28），具体含义如下。

➤深度：控制模型文字的厚度。

➤高度：控制文字的大小。

➤材质：设置文字的颜色。

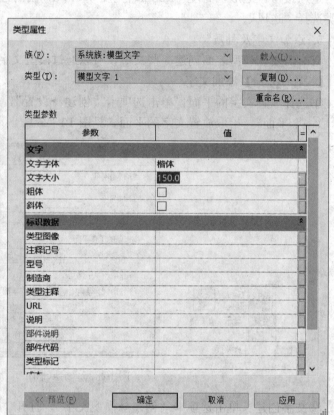

图 10-28　文字参数设置

图 10-29　文字模型举例

【举例 10.11】创建"配电箱"文字模型，见图 10-29。

当族构件的主体创建完成后，最后可以为其设置材质。

【操作 10.15】添加材质

①选择创建的实体，属性面板单击"材质"旁的"…"，见图 10-30；

②打开材质浏览器，选择材质。

【举例 10.12】风机盘管模型创建。创建族文件，选择公制常规模型，见【举例 10.4】；拉伸创建风机机身、风口、管道及电气接口，见【举例 10.6】；添加几何参数：风盘长度、风盘宽度、风盘高度、风盘总高度、供水管高度、回水管高度、凝结水管高度、风口长度、风口宽

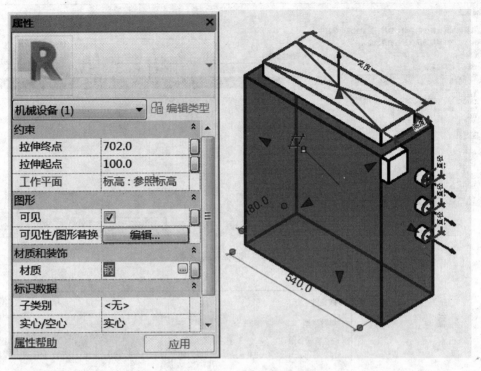

图 10 - 30 添加材质

度,见【举例 10.8】;添加连接件:供水、回水、冷凝水管道连接件,直径 40mm。风管连接件,矩形,高度 180mm,宽度 400mm,见【举例 10.10】;添加非几何参数:额定风量、制冷量、风机全压。设置族类别:机械设备,见【举例 10.9】;添加材质,自定义选择"钢"。

10.2.3 二维模型创建

1. 标记族

Revit 二维族主要包括标记、符号和标题栏。标记族主要用于对模型进行注释,通过自定义标记族可以实现个性化的注释,其创建方法如下。

【操作 10.16】标记族自定义

①创建一个标记族:在项目中通过"按类别标记"创建一个标签→复制该标签后将其选中,单击上下文选项卡"编辑族",进入族文件。

②选择标签参数:在族文件中选择标签,单击选项卡"编辑标签"(图 10 - 32)→打开对话框,选择左侧列表中的参数,单击 ⬇ 将其设置为标签参数,选择右侧的标签参数,单击 ⬅ 将其删除,最后单击"确定",见图 10 - 31。

③添加共享参数:如果需要选择共享参数作为标签参数,可以在"编辑标签"对话框中单击"添加参数" 📄(图 10 - 31)→打开对话框,单击"选择",打开对话框选择已经导入的共享参数,单击"确定"(图 10 - 32)→共享参数出现在"编辑标签"对话框左侧列表中,后续操作同上。

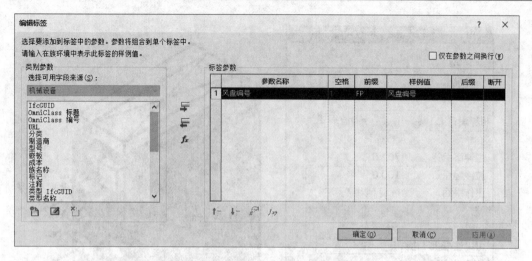

图 10-31　选择标签参数

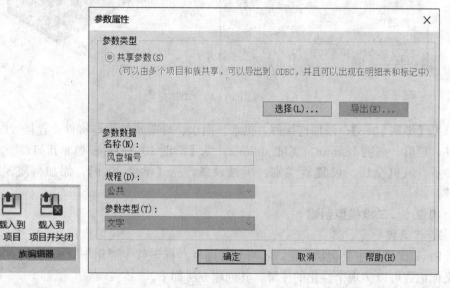

图 10-32　添加共享参数

④修改标签的格式：选择标签进行编辑类型，修改图形、文字等参数，见图 10-33。

⑤把标记族保存，见图 10-34。

【提示】为了更好地匹配图纸，建议先根据图纸调整视图比例（见【操作 5.24】），再调整标记的文字大小。

【举例 10.13】创建"标记_风盘编号"标记族，在族文件中导入共享参数"编号"（见【举例 10.2】），并将其设置为标签参数。

【举例 10.14】创建"导线标记－类型注释"标记族，标签参数选择"类型注释"。

创建标记族
（风盘编号）

创建标记族
（导线标记）

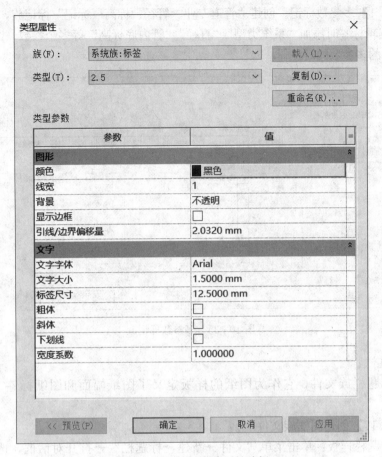

图 10-33 标签类型属性编辑

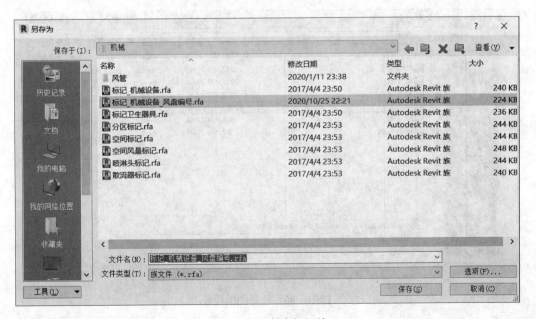

图 10-34 保存标记族

【拓展 10.1】多参数标记。创建"管道专业、管径、标高一标记"标记族，标签文字大小为 1.5mm，编辑标签时添加"系统类型""直径""管内底标高"等多个参数（图 10-35），可以实现对管线的多参数同时注释。

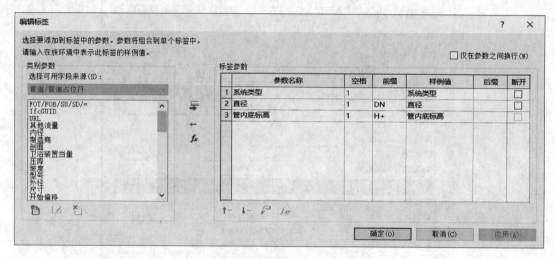

图 10-35　多参数标记族

2. 图框族

图框即标题栏族文件，它作为图纸的样板定义了图纸幅面和图纸标签，其创建方法如下。

【操作 10.17】创建图框族文件

①创建标题栏样板：单击菜单"文件→新建→标题栏"→打开对话框，选择图框类型，单击"打开"，如图 10-36；

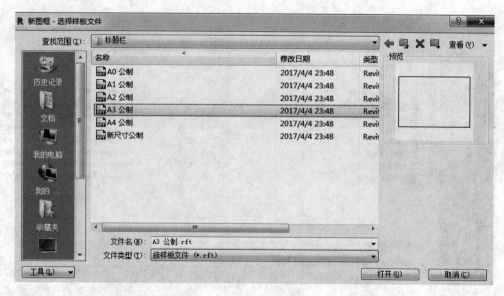

图 10-36　选择图框样板

②导入 CAD 图框：单击选项卡"插入→导入 CAD"，打开对话框，选择包含图框的 dwg 格式文件，单击"确定"，见图 10-37。导入的图框自动与标题栏族对齐；

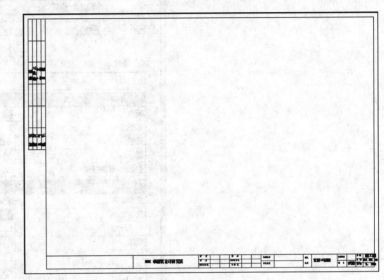

图 10-37　导入 CAD 图框

③添加标签：单击选项卡"创建→标签"→在标题栏对应的位置放置标签→选择标签执行"编辑标签"命令，添加标签参数，方法见【操作 10.16】，如图 10-38 所示；

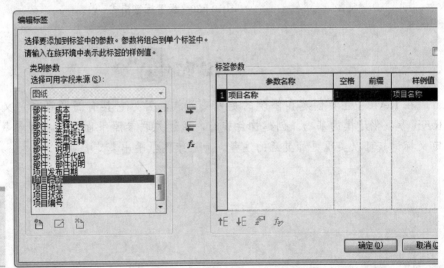

图 10-38　图框添加标签

④设置标签格式：选择创建的标签，编辑类型，设置文字字体、高度等，见图 10-39。

【提示】dwg 格式的图框文件需要在 Auto CAD 软件中单独创建。

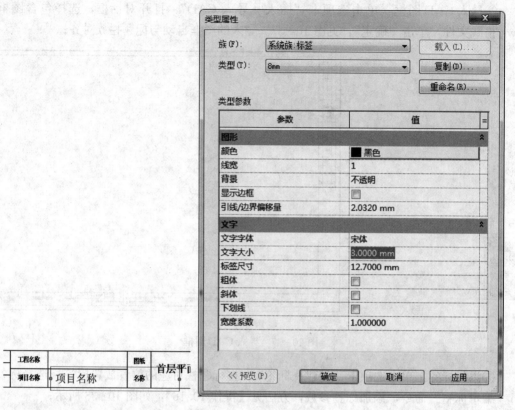

图10-39　设置标签格式

　　在 Revit 中主要创建和修改的是可载入族，因为它具有高度可自定义的特征，这正是 Revit 参数化建模的基础。创建构件族时，通过关联参照平面可以实现参数的联动。通过自定义标记族可以实现更加灵活的注释，为后续图纸输出奠定基础。

第 11 章 成 果 输 出

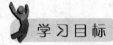

学 习 目 标

知 识 目 标

熟悉漫游的基本参数；

熟悉明细表的基本属性；

熟悉图纸的基本属性。

能 力 目 标

创建、编辑漫游并导出视频；

创建明细表并统计工程量；

对模型进行注释；

创建并导出图纸。

素 养 目 标

养成严谨的工作作风；

培养自主学习的习惯。

工作任务

应用 Revit 进行成果输出流程及内容如图 11-1 所示。

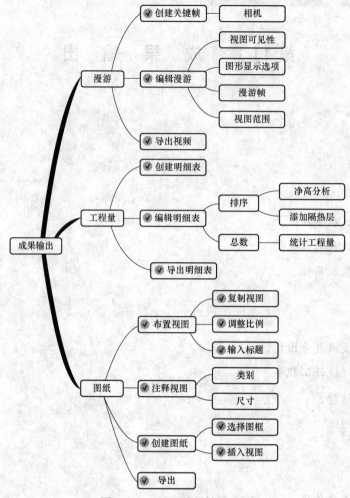

图 11-1   Revit 成果输出流程

11.1   漫   游

11.1.1   漫游创建

Revit 比从前的 2D 软件最大的特点就是提供了三维模型可视化功能，当给结构赋予材质后，利用三维可以更加直观地看到项目的完成效果。Revit 漫游功能更是加强了项目的直观性，为非专业技术人员带来感官的认知。

【操作 11.1】创建漫游

①命令：选项卡单击"视图→三维视图（下拉菜单）→漫游"，见图 11-2。

②绘制漫游路径：进入平面图，在绘图区单击鼠标一次即可创建一个关键帧，一般放置在需要重点观察的位置，根据需要创建若干个

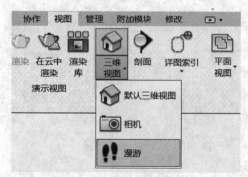

图 11-2   漫游命令

关键帧，按 Esc 完成漫游路径的创建，见图 11-3。软件自动生成漫游路线以及其他的非关键帧。

【提示】打开项目浏览器，视图中会出现刚刚创建的漫游，可以通过右键菜单进行重命名、删除等相关操作。

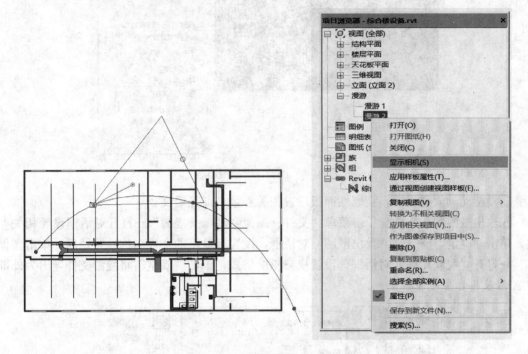

图 11-3　漫游路径创建及查看

③编辑漫游：在上下文选项卡点击"编辑漫游" ![]→通过"上一关键帧""下一关键帧"切换并激活到相应的关键帧→在平面图中通过拖拽，修改相机的角度、范围及位置，见图 11-4。

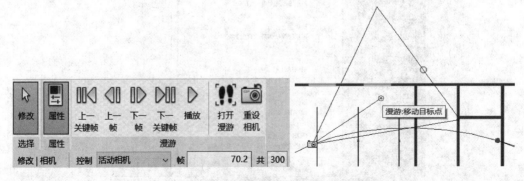

图 11-4　漫游编辑

④调整漫游画面视图范围：点击"打开漫游"进入透视图→拖拽视图的边框或点击边框后打开右键菜单，修改视图的范围，见图 11-5。

图 11 - 5　漫游视图范围调整

⑤漫游动画效果设置：在属性面板设置相关参数，详见后文。

⑥输出漫游视频文件：单击菜单"文件→图像和动画→漫游"→打开对话框设置相关参数，单击"确定"→打开"导出漫游"对话框，设置好输出的文件名称、路径后，单击"保存"→打开"视频压缩"对话框，设置视频压缩格式，单击"确定"将漫游文件导出为外部的 AVI 文件，见图 11 - 6。

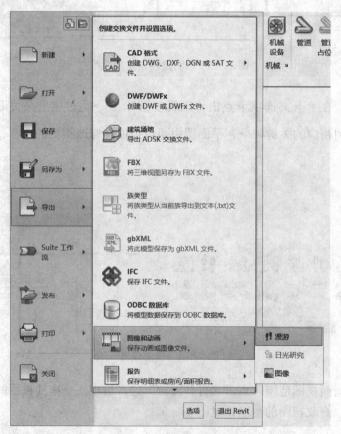

图 11 - 6　漫游视频输出

【提示】"帧/秒"主要控制播放速度，数值越大速度越快，建议设置为 3～5。Revit 输出的漫游视频时默认的"全帧（非压缩）"格式生成的文件会非常大，为了减小文件的大小，并顺利播放，建议选择"Microsoft Video"，见图 11 - 7。

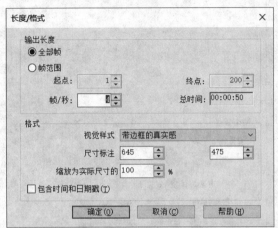
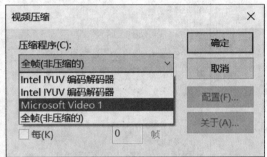

图 11 - 7　漫游输出设置

11.1.2　漫游设置

为了获得理想的动画效果，需要对漫游的相关参数进行设置，可以在创建漫游时通过属性面板来完成，见图 11 - 8。其中的主要属性含义如下：

➤详细程度：作用同视图的"详细程度"，一般设置为"精细"。

➤可见性/图形替换：作用同视图的"可见性/图形替换"，一般打开对话框后在"导入的类别"中将底图隐藏，在"注释类别"中将相关标记隐藏。

➤图形显示选项：用于控制漫游动画的显示细节，一般可以将"视觉样式"设置为"真实"，见图 11 - 9。

➤"渲染设置"：设置绘图质量、照明方案、背景方式，见图 11 - 9。

➤"漫游帧"进行相关设置，漫游帧用来设置漫游动画的视频显示效果，包含下面几个参数。"总帧数"表示输出漫游动画的帧数总和，数值越大视频文件就越大，可以直接输入；"帧/秒"表示指示漫游动画的视频效果，数值越大画面越流畅，可以直接输入；"总时间"表示输出漫游动画的时长，总时间＝总帧数/（帧/秒）。上述三个参数输入其中两个即可，见图 11 - 10。

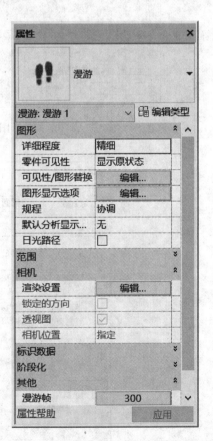

图 11 - 8　漫游实例参数

图 11-9　漫游参数设置

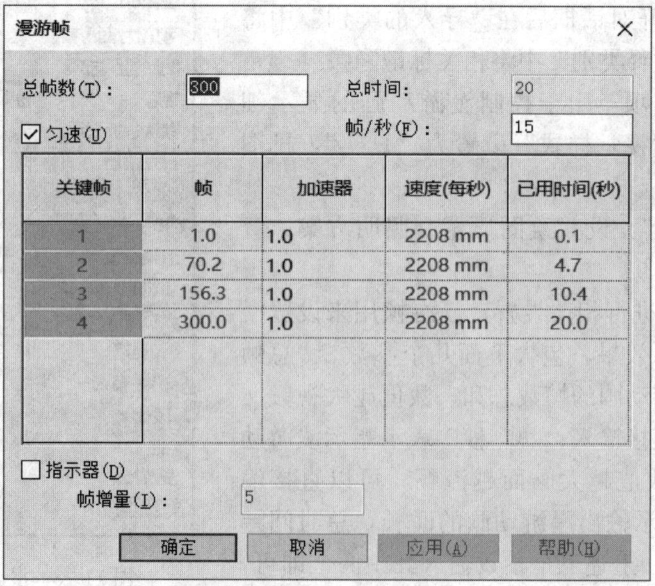

图 11-10　漫游帧设置

【举例 11.1】在"实训楼设备工程"项目中，创建并编辑漫游。创建漫游时，沿走廊及主要房间放置关键帧，编辑漫游时，调整关键帧的相机角度，图形详细程度设置为"精细"，隐藏 CAD 第图，模型显示样式选择"真实"，背景选择"天空"，规程选择"协调"，设置总帧数为 50，5 帧/秒，采用"Microsoft Video"压缩方式保存视频文件。

创建漫游

11.2　工 程 量 统 计

11.2.1　明细表创建

明细表可以直接方便地统计出整个模型中所有构件的数量和参数等信息，并且按照相应顺序进行排列显示，它是工程量统计的有力助手。模型表创建过程较为简单。

【操作 11.2】创建明细表

①命令：单击功能区单击选项卡"分析选项卡→明细表数量"进入明细表的设置，见图 11 - 11。

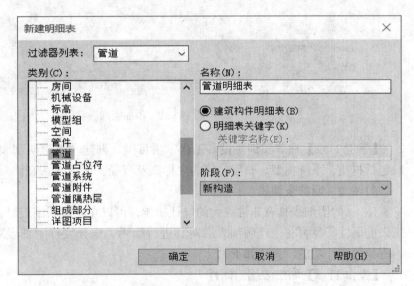

图 11 - 11　创建明细表

②选择统计的类别：过滤器列表中选择某个规程，类别一栏选择出现在明细表的图元类别，比如管件、管道、附件等，输入明细表的名称，点击"确定"。

③添加明细表字段：打开"在明细表属性"对话框"字段"选项卡，选择字段后单击 ⇉ ⇇ 进行添加删减，单击 ⬆ ⬇ 对字段进行排序，建立好的明细表就会按照字段顺序出现在表格中，勾选"包含链接中的图元"将会对链接中的图元进行明细表统计。单击"确定"完成创建，见图 11 - 12。

【提示】明细表建立完成后，会在项目浏览器中的明细表数据一栏中出现。可以进行打开、复制、删除等基本的操作。

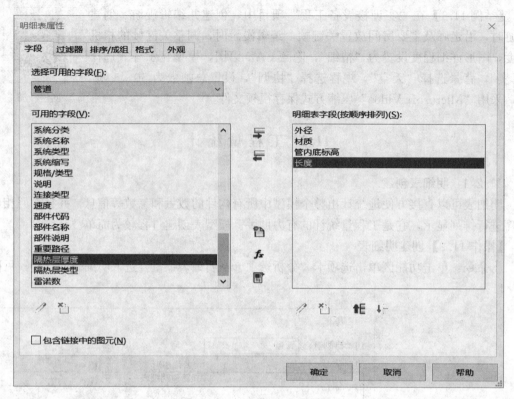

图 11-12　添加明细表字段

【举例 11.2】在"实训楼设备工程"项目中，创建"管道明细表"，字段包括材质、系统类型、长度、管内底标高及直径。见图 11-12。

创建明细表

11.2.2　明细表编辑

Revit 的明细表具有非常强大的统计功能，可以在创建明细表时设置明细表的属性，也可在创建明细表后对其进行编辑，充分发挥明细表对项目工程量的统计功能。方法如下。

【操作 11.3】明细表编辑属性

①打开明细表后，通过上下文选项卡修改其相关属性，比如格式、字段等，见图 11-13。

图 11-13　上下文选项卡修改明细表

②打开明细表后，通过属性面板修改其字段、过滤器、排序格式、外观等（图 11-14），具体含义如下。

➤过滤器：根据明细表中的字段进行筛选，最终过滤出满足要求的数据。

图 11-14 查看及编辑明细表

➤排序/成组：针对明细表中的字段进行排序，比如按照管径从小到大进行排序，排序方式可以选择"直径"并选择"升序"。勾选"逐项列举每个实例"，明细表会显示全部实例，否则在某一字段下只进行汇总显示，见图 11-15。

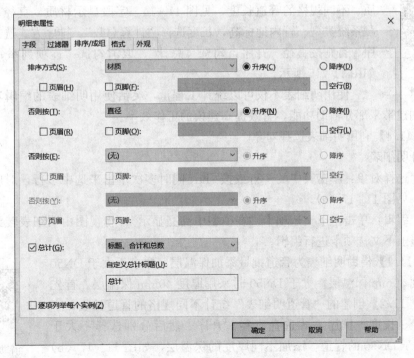

图 11-15 明细表排序/成组

➤格式：可以调整字段的对齐方式、字段格式（单位）、是否隐藏等，见图 11 - 16，一般选择"计算总数"，这样就可以对工程量进行汇总。

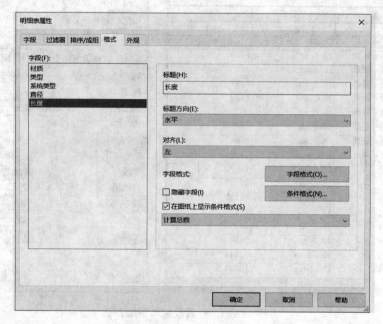

图 11 - 16 明细表编辑格式

➤外观：用于控制明细表的格式。

明细表统计
工程量

【举例11.3】借助【举例11.2】创建的"管道明细表"，统计不同材质、不同规格的管道长度，见图 11 - 14。字段显示材质、直径、长度，隐藏系统类型、管内地标高，长度选择"计算总数"。排序方式选择材质、升序，否则按直径、升序，勾选"总计"，取消勾选"逐项列举每个实例"。如图 11 - 15 所示。

使用明细表不仅可以统计工程量，灵活使用明细表的编辑功能，还能够为模型创建带来部分辅助功能，有效提高建模的工作效率。

【操作11.4】利用明细表选择对象

①打开明细表。

②快速选择对象：单击其中的一行或按 shift 同时多次单击来选中多行，对应的对象即可被选中，见图 11 - 17（a）。

③对象编辑：单击上下文选项卡"在模型中高亮显示"，将视图由明细表转到模型平面视图→通过上下文选项卡进行编辑。

【拓展11.1】借助明细表为管道批量添加保温层，要求不大于 DN50 时采用厚度 30mm 保温层，大于 DN50 时采用厚度 40mm 保温层。首先借助【举例11.2】创建的"管道明细表"统计不同规格的管道长度，字段显示直径、长度，排序方式选择直径、升序。然后分别选择不大于 DN50 和大于 DN50 的管道，添加不同厚度的保温层，如图 11 - 17（b）所示。

借助明细表
批量添加保温层

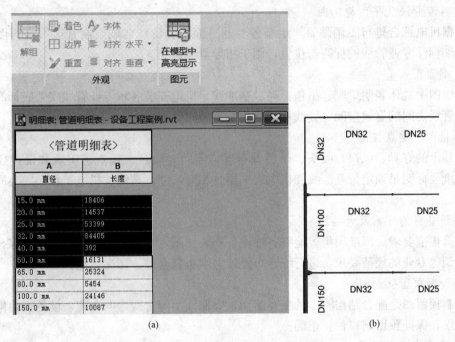

图 11-17　管道快速添加保温层

(a) 快速选择对象；(b) 管道批量添加保温层

【拓展 11.2】在"实训楼设备工程"项目中，借助【举例 11.2】创建的"管道明细表"查找自喷管道的最低安装高度，为净高分析提供帮助。字段选择系统类型、管内底标高，排序方式选择系统类型、升序，否则按管内底标高、升序。

借助明细表分析
管道安装高度

11.2.3　导出明细表

Revit 软件可以将明细表数据输出为文本文件。

【操作 11.5】导出明细表

①打开明细表；

②点击文件菜单"导出→报告→明细表"，选择存储路径将明细表导出。

【提示】软件导出的明细表为文本格式，为了便于应用，可以将明细表设置为 Excel 的格式。软件支持将明细表添加到图纸中，导出为 CAD 格式，方法详见【操作 11.12】。

11.3　图　　纸

11.3.1　图纸种类

模型创建完成后，Revit 能够直接输出二维图纸。对于设备工程专业，常见的图纸类型如下。

1. 综合管线深化平面布置图

根据各专业图纸绘制综合布置图纸，标注出管线大小、标高、位置等，全面表现机电管线与设备的平面布局。

2. 各专业深化平面施工图

根据机电综合排布图调整后，绘制各专业平面图，特殊区域绘制管道安装详图及大样图，详细标注专业管线的标高与位置，用于指导具体施工。

3. 剖面图

剖面图中具体表明梁底、吊顶标高、基准线、机电安装各种专业管线安装底标高、安装尺寸、管线之间的有效空间、管线标高变化及支架布置形式。

4. 机电末端点位图

吊顶上的灯具、风口、喷头、烟感等布置，需同时满足大楼观感美观和设计规范的要求。图纸要标明吊顶定位基准线和机电末端器具相对尺寸，装饰、机电工程必须共同遵守该基准线。

5. 设备房的详图及大样图

根据规范要求、标准图集等绘制各种设备安装详图。对于设备机房部位，要综合考虑电气、空调等专业的规范要求，进行综合布置，力求布置合理、漂亮、经济。

6. 绘制预留孔洞图

绘制预留图是配合结构施工的主要工作，要保证预埋管线走向合理，设备安装位置符合规范要求，保证预留洞口位置正确。

7. 三维管线布置图

通过绘制三维管线图直观地表现各专业的管线敷设路线和各设备及管道配件的安装形式及安装位置，借助 BIM 碰撞检测工具检查各专业管线存在的位置冲突，经过优化调整，满足使用功能，确保最大的有效空间。

11.3.2　视图准备

1. 创建图纸视图

模型视图是图纸创建的基础，为了在图纸中清晰的表达信息，需要对模型视图进行一定的优化，在此基础上创建符合出图要求的图纸视图。

【操作 11.6】创建图纸视图

①视图复制：在项目浏览器中选择一个平面视图，右键菜单"复制视图→带细节复制"。

②视图命名：选择复制的新视图，右键菜单"重命名"进行命名。

【举例 11.4】在"实训楼设备工程"项目中，创建设备各专业视图。视图比例调整为 1∶200。子规程选择"图纸视图"（见【拓展 2.1】），见图 11 - 18。

创建图纸
视图

2. 视图显示

当模型创建完成后，视图中通常包含大量的图元，为了优化图纸的显示效果，可以先需要将部分创建的图元进行隐藏，比如视图标记等。设备工程涉及给排水、暖通、消防等多个专业，绑定链接后通常各专业模型会整合到一个文件中，创建图纸时往往只需要显示某一个专业的模型，这时可以借助过滤器将其他专业的模型进行隐藏，从而对不同专业单独创建图纸。视图优化的步骤如下。

【操作 11.7】视图优化

①隐藏视图标记：在视图中选择某个类型的全部视图标记，并进行隐藏，参考【操作 2.14】【操作 2.20】。

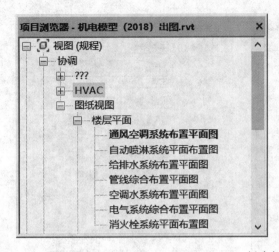

图 11-18 创建各专业视图

②借助过滤器对模型按照专业进行显示控制。

创建过滤器时，可以参考表 11-1 设置过滤条件。

表 11-1 过滤器过滤条件设置

过滤类别	过滤条件
管道、管件、附件	系统类型＝定义的管道系统类型
管道、管件、附件、机械设备	系统名称包含自定义的管道系统类型名称
风管、管件、附件	系统类型＝定义的风管系统类型
风管、管件、附件、机械设备	系统名称包含自定义的风管系统类型名称
桥架、桥架配件	类型名称＝自定义桥架及桥架配件类型名称
机械设备、卫浴装置	系统类别＝机械设备或卫浴装置自动匹配的类别

【举例 11.5】隔离显示空调供水管道。创建"空调供水"过滤器，类别选择管道、管件、管道附件，过滤条件设置为"系统类型""等于""G 空调供水"，这样所有的空调供水管道就可以被过滤并进行视图控制。

【举例 11.6】隔离显示空调系统的设备及空调水管道。当空调水管道的系统类型设置为"H 空调回水""G 空调供水""N 空调凝结水"时（见【举例 5.4】），Revit 会自动将与之连接的风机盘管的系统名称设置为"空调回水，空调供水，空调凝结水"，可以创建"空调系统"过滤器，类别选择机械设备、管道、管件、管道附件，过滤条件设置为"系统名称""包含""空调"，这样所有的空调水管道及风机盘管实例都可以过滤并进行视图控制，见图 11-19。

【提示】如果有多个过滤器均能对同一对象进行过滤，Revit 优先执行列表中排在前面的过滤器。比如【举例 11.5】和【举例 11.6】创建的过滤器均能过滤空调供水管道，假如"空调供水"过滤器排在"空调系统"过滤器的前面，则按"空调供水"过滤器进行视图控制。

3. 视图注释

（1）按类别注释。管道标注有多种方式，我们可以一边创建实例一边标注，也可以在模型创建完成后再进行标注，后者标注的内容会更为灵活。

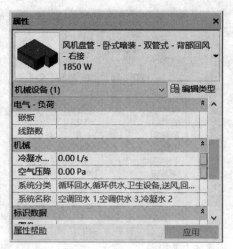

图 11-19　过滤器设置举例

【操作 11.8】按类别标注管线

方法一：创建实例时标注

①进入类别创建命令，比如"管道""风管"；

②点击上下文选项卡"在放置时进行标注"，见图 11-20（a）。

方法二：绘制完成后标注

①单击选项卡，"注释→按类别标记"，见图 11-20（b）。

②选择标记的内容：通过选项栏"载入的标记和符号"设置标记的内容，比如管径、系统缩写，见图 11-20（c），如果没有的话需要用户自己载入族。

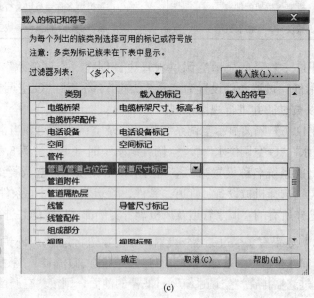

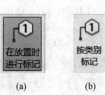

(a)　　　　(b)　　　　　　　　(c)

图 11-20　按类别标记

(a) 同步创建标记；(b) 后创建标记；(c) 标记内容设置

③设置标记的显示效果：选项栏中可以设置标注的方向（水平或垂直），是否显示引线等，见图 11 - 21，标记效果如图 11 - 22（a）所示。

图 11 - 21 类别注释选项栏

④放置标记：在视图区鼠标单击拾取需要标注的对象，移动鼠标确定标注的位置，再次单击完成标注。如果创建的标记不合适，可以通过编辑进一步优化标记效果。

【提示】标记一般在平面或立面视图中进行，三维视图中需要先将视图保存方向并锁定，才能进行"按类别标记"，见图 11 - 22（b）。

(a)　　　　　　　　　(b)

图 11 - 22 按类别标记效果

（a）标记效果；（b）三维视图标记

【举例11.7】管道尺寸标注。按类别标记时，载入的标记和符号选择"管道尺寸标记"，见图 11 - 20（c）。

（2）高程标记。作为立面图纸的基本要素，管线及设备的高程是图纸提供的基本信息。Revit 支持对模型构件进行高程标记。

标注管道尺寸

【操作 11.9】标注风管高程

①命令：在平面视图中，执行"注释→高程点"。

②选择高程标注位置：如果在平面视图，用户可以通过选项栏或者属性面板设置标注的实际位置，包括风管顶部或者底部。如果在立面视图，可以在放置时确定标注的位置，见图 11 - 23。

③拾取管线放置标记。

标注风管高程

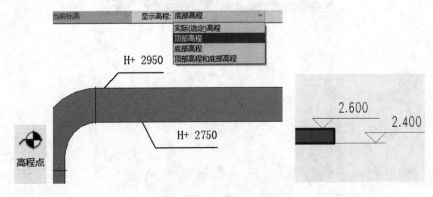

图 11 - 23 风管高程点标记

（3）标记编辑。对于已经创建的标记，可以通过二次编辑修改标记的外观，比如在绘图区拖拽引线、调整方向等［图11-24（a）］，或者通过属性面板修改标记的方向、引线类型［图11-24（b）］。除此之外，还可以修改标记的内容。

【操作11.10】标记内容编辑

①选择标记；

②标记类型替换：属性面板类型选择器替换标记类型，见图11-24（c）。

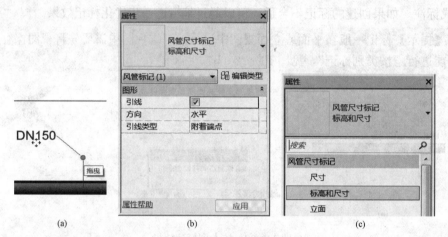

(a)　　　　　　　(b)　　　　　　　(c)

图11-24　标记编辑

（a）拖拽标记引线；（b）标记实例属性；（c）标记类型替换

【举例11.8】在"实训楼设备工程"项目中，进行风管标高和尺寸标注。按类别标记时，载入的标记和符号选择"风管尺寸标记"，标记完成后，进入类型编辑，勾选"标高和尺寸"，或者在类型选择器中直接替换，见图11-25。

编辑标注

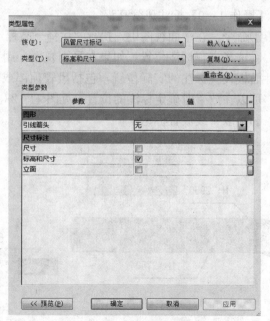

图11-25　风管标记

（4）自定义标记。除了使用软件提供的常规标记，还可以标记系统缩写、管件尺寸等，这时需要用户预先定义标记族并载入到项目，再选择这些自定义标记族进行标记。

【举例 11.9】标记风机盘管编号。载入的标记选择自定义的"标记 _ 风盘编号"标记族（见【举例 10.13】），用其对创建的风机盘管实例进行标记，见图 11 - 26。

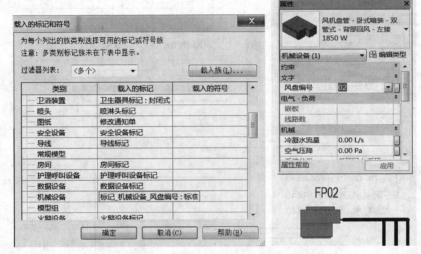

图 11 - 26　自定义标记举例

【举例 11.10】标记导线类型。在"实训楼设备工程"项目中，选择"照明线路"进行类型编辑，"类型注释"自定义为"ZM"，载入的标记选择自定义的"导线标记－类型注释"标记族（见【举例 10.14】），用其对导线实例进行标记，见图 11 - 27。

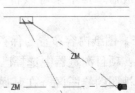

图 11 - 27　导线类型标记

【举例 11.11】在"实训楼设备工程"项目中，使用标准标记族"风管尺寸标记 - 标高和尺寸""电缆桥架尺寸、标高－标记""管道尺寸标记"，以及自定义标记族"管道专业、管径、标高－标记"、（见【拓展 10.1】），对设备各专业视图的管线进行注释，如图 11 - 28 所示。

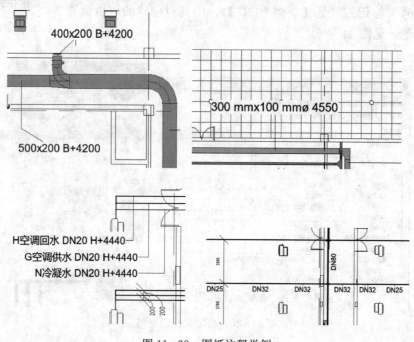

图 11 - 28   图纸注释举例

注：B 表示标高用的前缀。

11.3.3   图纸创建与输出

1. 创建图纸

【操作 11.11】图纸创建与编辑

①新建图纸：在项目浏览器中选择"图纸"单击右键菜单"新建图纸"，见图 11 - 29。

②选择标题栏：打开对话框选择一个合适的图框，如果没有合适的用户可以自行载入标题栏族。

③图纸信息编辑：通过属性面板或者在绘图区直接输入相关信息，比如图纸名称、设计人员等，见图 11 - 30。

【举例 11.12】在"实训楼设备工程"项目中，新建一个"管线综合平面布置图"图纸，使用 A3 图框，见图 11 - 30。

2. 视图布置

图纸创建完成后，接下来可以将已经创建的模型视图添加到图纸中，具体方法如下。

创建图纸

【操作 11.12】图纸内容布置与保存

①添加视图：项目浏览器中选择已创建并优化的各专业图纸视图（参考【操作 11.7】），直接拖拽至图纸视图的绘图区→在其属性面板中调节视图比例（参考【操作 5.24】），使模

型大小与图框匹配，见图 11 - 31。

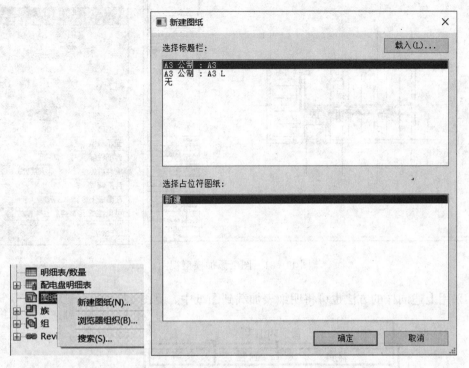

图 11 - 29 新建图纸

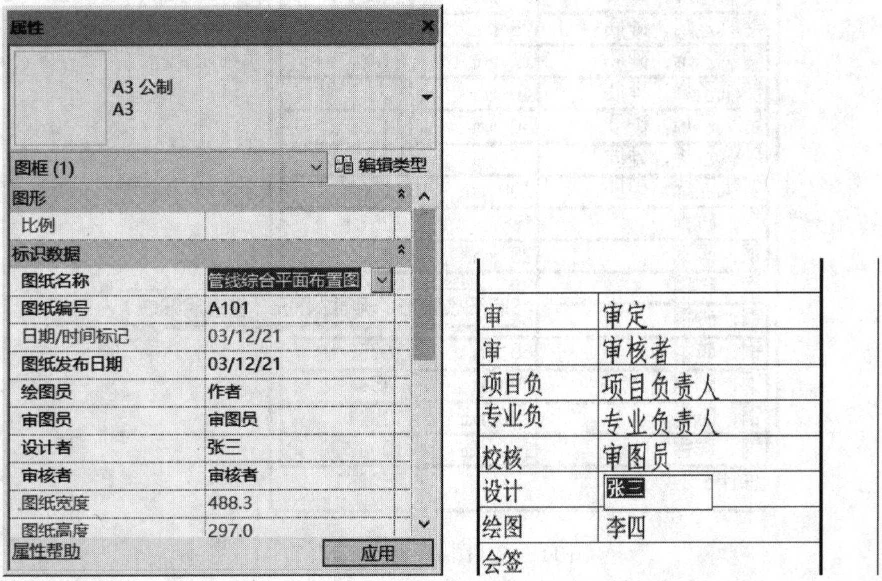

图 11 - 30 图框信息编辑

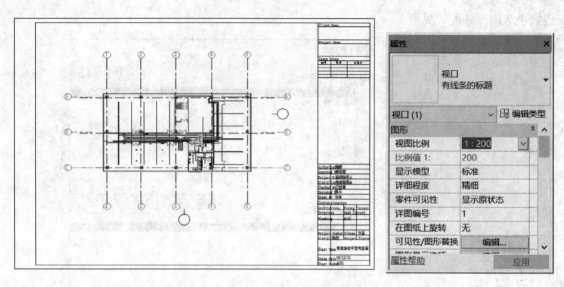

图 11-31　图纸添加模型视图

②采用上述同样的方法也可将明细表加载到图纸中，见图 11-32。

管道明细表		
材质	直径	长度
聚氯乙烯，硬质	15 mm	5736
聚氯乙烯，硬质	20 mm	14537
聚氯乙烯，硬质	25 mm	5197
聚氯乙烯，硬质	32 mm	8184
聚氯乙烯，硬质	40 mm	392
聚氯乙烯，硬质	50 mm	14380
聚氯乙烯，硬质	65 mm	8968
聚氯乙烯，硬质	100 mm	11204
钢，碳钢	15 mm	12670
钢，碳钢	25 mm	48203
钢，碳钢	32 mm	76200
钢，碳钢	50 mm	
钢，碳钢	65 mm	16356
钢，碳钢	80 mm	5454
钢，碳钢	100 mm	12941
钢，碳钢	150 mm	10087
总计：247		252281

明细表图形：明细表图形：管道明细表

图 11-32　图纸添加明细表

3. 图纸保存

作为工程设计的主要成果，Revit 支持直接输出 CAD 图纸，与项目文件不同，保存时用户可以选择不同的 CAD 版本，具体保存方法如下。

【操作 11.13】图纸保存

①保存图纸文件：单击菜单"文件菜单→导出→CAD 格式→DWG"，见图 11 - 33。

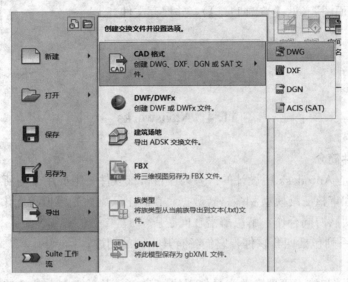

图 11 - 33　保存 CAD 图纸文件

②保存文件设置：打开对话框，输入保存名称及路径、文件类型（CAD 版本），见图 11 - 34。

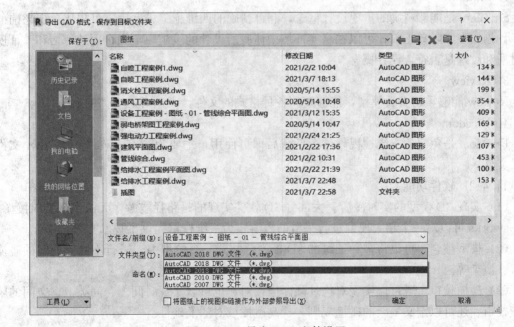

图 11 - 34　导出 CAD 文件设置

③保存文件：单击"保存"。

【提示】为了保证顺利查阅 CAD 图纸，在"导出 CAD 格式—保持到目标文件夹"对话框中往往建议勾选"将图纸上的视图和链接作为外部参照导出"，否则图框与标题等信息可能会丢失。

【举例 11.13】为图纸"管线综合平面布置图"添加模型视图"管线综合布置平面图"（见【举例 11.4】），并保存文件。

图纸添加模型与保存

11.4 Navisworks

11.4.1 软件简介

Navisworks 是 Autodesk 所设计的一系列项目审核软件，主要用于与所有项目相关人员一同整合、共享和审核三维模型和多格式数据，在施工开始前先模拟与优化明细表、发现与协调冲突，通过团队协同合作，解决解潜在问题。

Navisworks 系列包括四套软件，它们各有其不同的用途。

1. Manage

Manage 是设计和施工管理专业人员使用的一款全面审阅解决方案的软件，用于保证计划顺利进行。NavisworksManage 将精确的查找错误和冲突管理功能与动态的四维仿真计划进度和可视化功能结合。

2. Simulate

Simulate 是能够精确的重现设计概念，制订精确的四维施工进度表，可视化呈现超前的施工计划。在实际动工前，可以在真实环境中体验所设计的设施，更加全面地评估和验证所用材质和纹理是否符合设计概念。

3. Review

Review 能够重新查看模型，能够查阅各种格式的文件，无须考虑文件的大小。

4. Freedom

Freedom 是免费的三维检视软件，下载后即可使用，主要为浏览 nwd 与三维 dwf 文件格式文件。

11.4.2 软件功能

（1）实现 3D 模型的实时漫游。大部分 3D 软件实现的是路径漫游，无法实现实时漫游。Navisworks 可以对一个超大模型进行平滑的漫游，为三维校审提供了技术支撑。

（2）模型整合。可以将多种三维的 3D 模型合并到一个模型中，进行不同专业间的碰撞校审、渲染等。

（3）碰撞校审。既可以实现对构件硬碰撞校对，也可以实现时间上、间隙上、空间的软碰撞校审，还可以定义复杂的碰撞规则，提高碰撞校对的准确性。

（4）模型渲染。软件提供了丰富的素材用来做渲染，可以满足各个场景的需要。

（5）工程进度 4D 模拟。软件可以导入当前项目上应用的进度软件的进度计划文件，通过设定命名规则，能够和模型直接关联，通过软件的三维模型和动画直观演示出建筑的施工的步骤。

（6）模型发布。支持将模型发布成一个 nwd 格式的文件，有利于模型的完整和保密性，并且可以用免费的浏览软件进行查看。

11.4.3 软件应用

1. 碰撞检查

Navisworks 软件可以将项目的各专业（建筑、结构、水暖电等）作为一个整体来看待，从而实现设计的优化，做碰撞检查及碰撞是 Navisworks 主要功能之一，操作流程如下：

（1）在 Revit 软件中将项目文件导出为 nwc 格式文件。

（2）运行 Navisworks 软件，打开 nwc 格式文件。

（3）选择需要做碰撞检查的专业，如：暖通、水系统等。

（4）运行碰撞检查。

（5）输出碰撞检测报告。

（6）选择发生碰撞的构件，通过特性工具框，读取构件的 ID 值。

（7）进入 Revit MEP 软件界面，根据 ID 号选择查看发生碰撞的构件，并进行模型优化修改。确定发生碰撞的位置后，还可以使用云线对错误的地方进行标注。

2. 漫游制作

Navisworks 另一个亮点是提供了丰富的漫游制作功能，其中视点法是最常用的一种。所谓的视点法就是选取不同的视点，然后把各个视点串联起来播放，从而形成了动画。Navisworks 的与众不同之处在于，它可以在制作漫游时选择第三人模式，以此检验人物是否会与建筑发生碰撞，操作流程如下。

（1）运行 Navisworks 软件，打开文件；

（2）选择第三人模式创建漫游，设置人物体态参数；

（3）按照一定的漫游路径，保存视点；

（4）为保存的视点添加动画。

总 结

根据实际需求合理地设置相关参数，以便达到理想的漫游动画效果。灵活的使用明细表，能够对模型数据进行全面的分析，进一步发挥 Revit 的应用价值。以 Revit 软件为基础，借助 Navisworks 可以实现更加高效的碰撞检查，同时获得理想的漫游制作效果。

第12章 案例应用

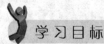

学习目标

知识目标

熟悉模型的命名规则；

了解模型创建的规则、深度与要求；

了解运维信息。

能力目标

应用 BIM 技术进行设备工程深化设计；

与团队成员互相协作提高工作效率。

素养目标

养成严谨的工作作风；

培养自主学习的习惯，善于收集信息。

工作任务

案例应用的主要内容见图 12-1 所示。

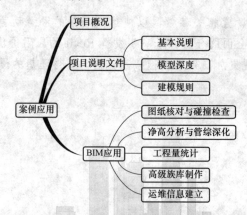

图 12-1　综合案例应用主要内容

12.1 项 目 概 况

(1) 国网菏泽市成武县供电公司生产综合用房项目，位于菏泽市成武县伯乐大街以北，滨湖路以南，迎宾路以西，规划路以东。项目包括生产综合用房和设备用房。

(2) 工程规模：总建筑面积为 9646.78m²，建筑高度为 49.5m，其中地上建筑面积 9494.77m²，地下单独建设消防泵房建筑面积 151.97m²。从下至上依次为地上一层～十层，其中一～三层为厨房、信息机房、会议室、电力调度大厅等功能用房。四～十层为办公用房。

(3) 项目设计等级及设计标准：本工程为二类高层建筑；建筑耐火等级为二级；按民用建筑工程设计等级为二级；建筑结构形式为框架结构；建筑物抗震设防类别为重点设防类，框架抗震等级为一级，底部加强区核心筒剪力墙抗震等级为特一级，加强区以上抗震等级为一级；基础设计等级为甲级；建筑物场地类别为Ⅱ类；结构设计的使用年限为 50 年；抗震设防烈度为 7 度；基础采用独立基础。

(4) 变压器选择：根据甲方提供的可行性研究报告，本项目变压器，采用 2 台 1000kVA 箱式变压器，其中电动充电桩配电设计按照 15％车位设计，其余车位在箱式变压器预留充电桩负荷，箱式变压器位于综合楼东侧。

(5) 本楼设一处消防控制室，设于首层，消防安防合用控制室与本楼值班室合用，此控制室设为禁区且有明显标示。本工程消防泵房设于地下单独建筑，该泵房及消防水池均位于地下。

(6) 本工程按绿色建筑一星标准设计。本设计文件中所标注的设备及元器件型号，仅用于表达产品的技术性能，为招标采购提供参考，并非指定生产厂家。

(7) 本工程墙体材料采用钢筋混凝土柱和 100mm、200mm 厚加气混凝土砌块，外饰面材料采用真石漆。

(8) 本工程按公共建筑节能设计标准设计。非采暖空间部位为楼梯间、门厅、走廊、地下车库及顶层水箱间。

(9) 项目涉及专业：电气安装、给排水安装、空调系统、暖通系统、消防喷淋及消火栓系统。

(10) 建筑耐火等级：二级；地下室耐火等级：一级。

(11) 防水等级：地下室防水等级一级，屋面防水等级一级。

该项目的建筑及设备工程 BIM 模型分别见图 12-2 和图 12-3。

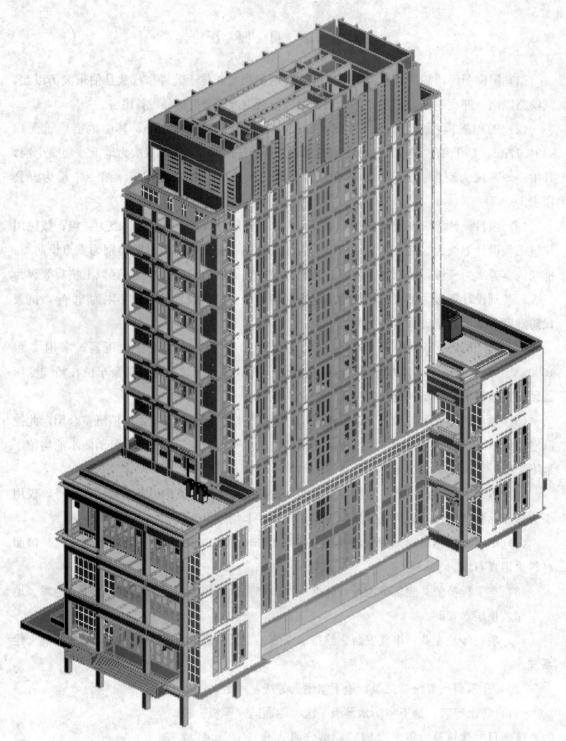

图 12 - 2　综合案例项目建筑工程模型

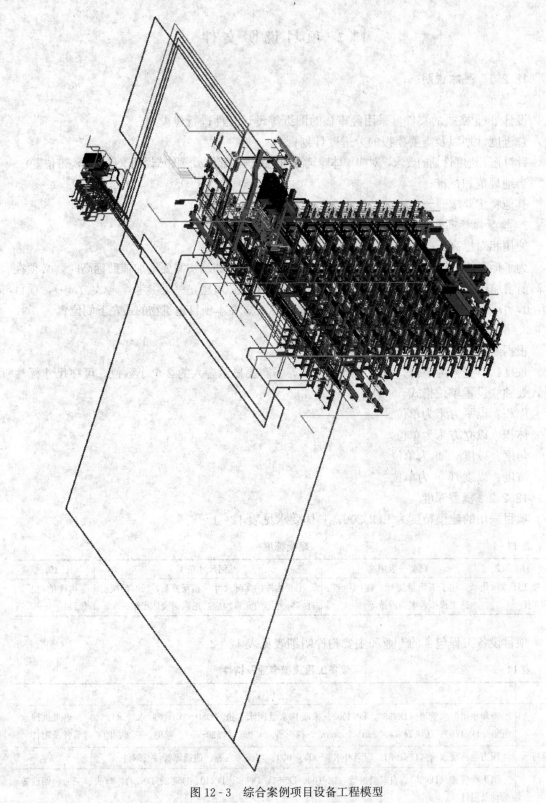

图 12-3 综合案例项目设备工程模型

12.2　项目说明文件

12.2.1　基本说明

1. 模型依据

设计 dwg 格式的文件（采用经审核的图纸等设计文件进行建模）；

总进度计划以及需要模拟的分进度计划；

针对施工进度计划的要求，对应单体建筑需细化的施工部位示意图或说明（例如后浇带位置）；

当地规范和标准；

其他特定要求。

2. 模型的标高和坐标

使用相对标高±0.000 即为坐标原点 Z 轴坐标点。

为了标高的一致性，所有专业所使用的标高需统一，如确实需要增加辅助标高时，必须在标高前增加相应专业代号。为了使模型之间正确工作，必须建立一个参考点（0，0，0），项目（0，0，0）参照原点统一。原则是把共享坐标原点设置在本项目建筑物的最左下侧位置。

3. 模型的单位

根据绘图中的需要，设置模型的单位。

长度：以毫米为单位，考虑到尺寸标注等不需要显示舍入的 2 个小数位，可在尺寸标注样式处独立设置单位格式。

面积：以平方米为单位。

体积：以立方米为单位。

角度：以度（°）为单位。

坡度：以度（°）为单位。

12.2.2　模型深度

项目采用的建模精度为 LOD300，具体要求见表 12-1。

表 12-1　　　　　　　　　　　　　　建模精度

适用阶段	模型一般用途	几何尺寸精度	其他信息
施工图或深化施工图	用于工程量统计、碰撞检查、施工模拟、虚拟漫游等	主要构件的实际尺寸，相互关系，所有反映构件实际外形的元素均应被正确的表达出来	构件的材质、参数

项目设备工程包含的专业和主要构件明细表见表 12-2。

表 12-2　　　　　　　　　　　设备工程建模专业及构件

专业	构件
暖通	冷却水供回水管道（DN350、DN300）、采暖热水供回水管道（DN100）、膨胀水管（DN40）、热水供回水管道（DN125）、送风管（400mm×100mm）、排风管（400mm×320mm）、弯头、三通、四通等管件及附件
给排水	压力生活废水管（DN100）、应急补水管（DN100）、弯头、三通、四通等管件及附件
消防	消火栓管道（DN65）、自动喷淋管（DN100、DN65、DN50、DN40、DN32、DN25）、弯头、三通、四通等管件及附件

专业	构件
电气	非消防槽式桥架（400mm×100mm、600mm×200mm、200mm×100mm）、消防槽式桥架（200mm×100mm）、弯头、三通、四通等管件及附件

12.2.3 建模规则

1. 命名

构件命名标准根据不同项目实际要求和情况，对每个构件名称进行详细划分，明确构件信息。MEP 专业中的系统编号可按表 12-3 编写，对于特殊系统名称，其编号应根据实际确定。

表 12-3　　　　　　　　　　命名规则

暖通	给排水	电气
送风系统—SF	给水系统—J	照明系统—L
排风系统—PF	排水系统—P	消防强电—XFE
排烟系统—PY	通气系统—T	消防弱电—XFSE
回风系统—HF	消防系统—X	弱电—E
新风系统—XF	喷淋系统—PL	强电—SE
采暖系统—CN	空调水系统—KT	—

构件命名规则为：【楼层】-【区域】（喷淋）-【系统编号】-【构件名称】-【尺寸】，例如：F2-A-J-水管-150，F2-A-PF-排烟风机，F2-A-SE-金属桥架。

2. 构件信息

项目采用对每个构件属性进行详细划分的方式，明确构件信息。所有 MEP 专业构件名称不仅以【构件名称】-【尺寸】体现，并在所有 MEP 专业构件中增加"楼层""区域"和"系统编号"等属性，见图 12-4。增加属性时，参数分组方式必须为"文字"，而所有新增属性应尽可能填写完整。

3. 其他规则

（1）对于模型中标准层的建立，如采用复制构件的方式进行操作，所复制层的标高必须改为当前层的标高，不可参照被复制层标高偏移的操作，并应注意构件命名的不同。

（2）创建施工模型时，整合模型操作前，应删除一切参照，包括模型、图纸、辅助线等；施工模型整合时，必须保证模型、标高、坐标原点的一致性。

（3）模型楼层标高定义时，某一楼层标高应从柱或墙底部起，至其上楼板梁顶标部止。

（4）如建筑中有面积较大的夹层或者平台时，该夹层或平台也应有相应的独立标高系统，且标高命名

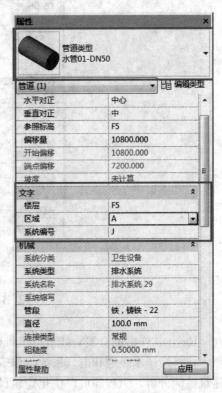

图 12-4　构件信息

应标明。

（5）竖向构件等必须分层建立，严禁"通高柱""通高墙"的出现；水平构件等的模型创建细度需注意施工应用时，区域、流水段等的划分需要。

图 12-5　视图范围设置

（6）各楼层的平面视图中，视图深度应按照图 12-5 设置。

4. 施工工程量统计功能属性

为满足施工中工程量分类统计功能的实现，需在所有专业的模型构件中增加"栋号""楼层""楼层标高""构件类型""材料类型"和"专业类型"等属性，见图 12-6。增加属性时，参数分组方式必须为"文字"。其中"专业类型"为必填，其他所有新增属性应尽可能填写完整。

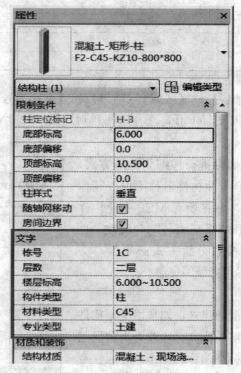

图 12-6　增加实例属性

12.3　应 用 内 容

Revit 软件借助真实管线进行准确建模，可以实现智能直观的设计流程，采用整体设计理念，将给排水暖通和电气系统与建筑模型关联起来，为工程师提供更有价值的决策参考和建筑性能分析，工程师可以优化建筑设备及管道系统的设计，充分发挥软件的竞争优势，促进可持续性设计。与此同时，软件为多个专业的工程师互相协调创造了条件，为其提供来自建筑信息模型的设计反馈，实现数据驱动设计所带来的巨大优势，轻松跟踪项目的进度、工程量统计、造价分析等。在本项目中，Revit 软件的应用主要体现在以下几个方面。

12.3.1 图纸核对与碰撞检查

1. 图纸核对

设计图纸在各专业协调时容易出问题，在建模过程中发现这种情况，需要甲方和设计单位对问题进行确认和审核，如图 12 - 7 所示。待问题审核后方可进行建模。

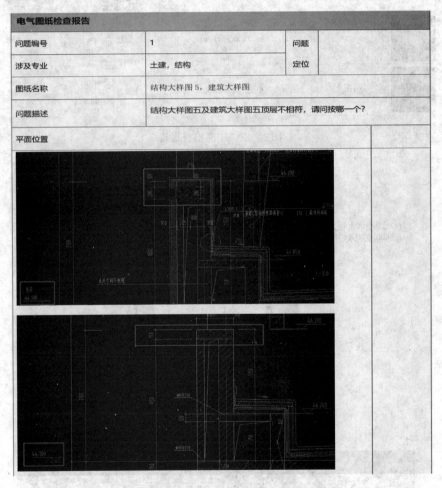

图 12 - 7 图纸核对

2. 碰撞检查

以 Revit 软件碰撞检查功能为基础，编写项目碰撞报告（图 12 - 8），用于体现设计中被忽略的专业交叉，可以提高设计效率，还能够有效降低施工成本。

12.3.2 净高分析与管线综合深化

基于 BIM 模型，对泵房等基建空间局促区域、管线密集区、出机房、大梁下、人防门、防火卷帘等不利区域进行净高验证，提前考虑安装施工的可实施性。对于本项目，走廊区域为管线密集排布的区域，按照设计要求，标准层走廊设计净高为 2.7m，整体排布方案如图 12 - 9 所示，三维效果见图 12 - 10。

国家电网公司 STATE GRID CORPORATION OF CHINA **国网菏泽成武县供电公司生产综合用房项目**
碰撞报告

标准层管道 VS 结构	公差	碰撞	新建	活动的	已审阅	已核准	已解决	类型	状态
	0.001m	44	9	0	0	0	35	硬碰撞	确定

图像	碰撞名称	状态	距离	网格位置	说明	找到日期		碰撞点	管道 1				结构 1			
									项目 ID	图层	项目名称	项目类型	项目 ID	图层	项目名称	项目类型
	碰撞 10	新建	-0.123	C-9：F7	硬碰撞	2021/1/7	01:23.35	x:58.400、y:9.495、z:30.300（消防箱与架构柱）	元素 ID：1233413	F7	红色	实体	元素 ID：745614	F7 28.450	混凝土,现场浇注灰色	实体
	碰撞 12	新建	-0.116	C-5：F7	硬碰撞	2021/1/7	01:23.35	x:26.200、y:9.525、z:28.500（消防箱与架构柱）	元素 ID：1233404	F7	红色	实体	元素 ID：733548	F7 28.450	混凝土,现场浇注灰色	实体

图 12-8　碰撞检查报告

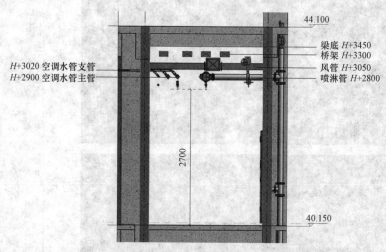

图 12-9　走廊净高

图 12-10　管线综合排布

1. 桥架

标准层层高为 3900mm，建筑地面做法为 50mm，走廊内结构梁的高度统一为 400mm，即梁底标高为 3450mm。

综合楼桥架主要包括强电桥架（200mm×100mm）、消防桥架（200mm×100mm）、无线 AP 桥架（200mm×100mm）、内网桥架（200mm×100mm）、外网桥架（200mm×100mm）五种类型，在走廊内除消防桥架外其余四种桥架参与管线综合。四种桥架高度相同为 100mm。为保证走廊净高，所有桥架同层排布，桥架顶到结构梁底留出 50mm 施工空间，即桥架底部标高为 3300mm，见图 12-11。

电缆竖井与走廊连接处的结构梁高度分别为 700mm 和 650mm，桥架由走廊进电缆竖井需下翻至 2950mm，即在砌块墙上预留洞口 300mm×200mm，洞底标高为 2900mm。

在平面上桥架距结构梁边 200mm 铺设，除强电与弱电桥架的间距为 300mm 外其他桥架间距均为 200mm，即从北往南依次为强电桥架、无线 AP 桥架、外网桥架、内网桥架，走廊南部预留 700mm 的施工、检修空间。

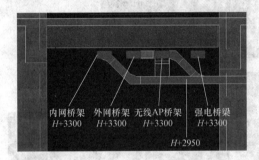
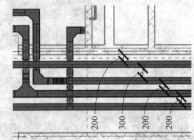

图 12-11　桥架布置

2. 通风风管

走廊内风管包括送风和回风两种类型，风管最大高度为 200mm，且在走廊内只有一个回风风口，所有风管同层排布且底平齐，即风管底部标高为 3050mm，见图 12-12。

在 5—6 轴之间从送风主管道上引出一根 250mm×200mm 的送风支管进入房间内，此处的结构梁高度为 850mm，即该送风支管进入房间需要下翻避让结构梁，风管底部标高为 2800mm；送风井剪力墙预留洞口 900mm×300mm，洞底标高为 3000mm；回风井剪力墙预留洞口 700mm×300mm，洞底标高 3000mm。

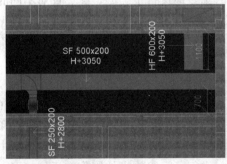
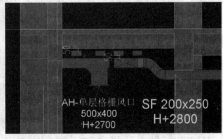

图 12-12　风管布置

3. 水管

东西走廊内的水管主要包括喷淋水管、空调供水管、空调回水管、空调冷凝水管四种类型的主管道和水平支管，为避免重复性的交叉避让并最大限度地提高净空，空调水管同层排布，喷淋管道最底层排布，喷淋头高度为 2700mm。为了节省空间，水管避让翻弯时均采用 45°弯头连接，见图 12-13。

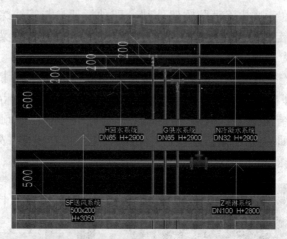

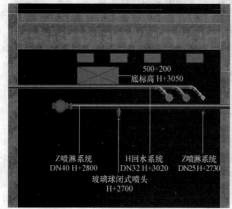

图 12-13   水管布置

12.3.3   设备及材料数量统计

围绕项目中的设备工程的相关构件，建模时细致地进行了类型定义。针对不同的连接管件，在管道类型中细致地进行了区分，见图 12-14。针对特殊的机电设备，定义类型时进行了个性化的命名。通过上述手段，一方面确保了模型的精度，另一方面，为后续精确的统计工程量创造了必要的条件，见图 12-15。

12.3.4   高级族库制作

族是 Revit 中使用的一个功能强大的概念，同时也是 Revit 中的一个必不可少的功能。Revit 的每个族文件内都含有很多的参数和信息，可以帮助用户更方便地管理数据和修改已搭建的模型。通常每个工程项目都具备一定的个性化的设计元素，这就需要在模型中加以充分体现。围绕本项目中的设备机电工程，建模时进行了高级族库的制作与添加（图 12-16），进一步提升了模型的精度，更好地发挥 BIM 技术可视化的优势。

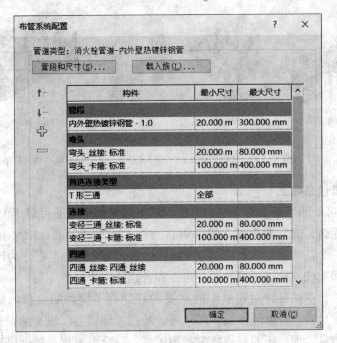

图 12-14　管道布管系统配置

<管道明细表>		
A	**B**	**C**
材 质	直 径	长 度
PPR	15.0 mm	95922
PPR	20.0 mm	135391
PPR	25.0 mm	224471
PPR	32.0 mm	5995
PPR	40.0 mm	71517
PPR	50.0 mm	3395
内外壁热镀锌钢管	20.0 mm	93048
内外壁热镀锌钢管	25.0 mm	1838068
内外壁热镀锌钢管	32.0 mm	2641299
内外壁热镀锌钢管	40.0 mm	367302

<机电设备明细表>		
A	**B**	**C**
族与类型	功率	制造商
BM_轴流排风机_自带软接:BM_轴流排风机_自带软接		
TH-单级单吸卧式离心泵:标准		
供水设备:40DLRx2		上海高良泵阀
多联机 - 室内机 - 静音型 - 天花板内藏风管式:HVR-63F		
多联机—室外机—商用 22:22.4		
定压补水装置:定压补水装置	22000 W	
旁流水处理器:旁流水处理器		
消火栓箱:右		
消火栓箱:后		
消火栓箱:左		
消防水箱6x1.5x2.5:消防水箱6x1.5x2.5		

图 12-15　管道及设备明细表

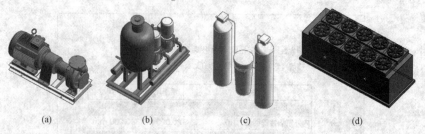

图 12-16　族库制作

（a）稳压泵；（b）立式稳压设备；（c）软水处理设备；（d）风冷热泵机组

12.3.5　运维信息建立

如今的 BIM 可以涵盖建筑的全生命周期，越来越多的工程项目对于 BIM 的应用已经从设计与施工阶段逐渐迈向后期运维。随着物联网技术的高速发展，BIM 技术在运维管理阶段的应用也迎来一个新的发展阶段。目前 BIM 应用于运维上，主要分为定位建筑构件、数据交换、可视性和定位、检查可维护性、建立和升级数字资产等方面。

围绕后期运营，本项目针对建筑中的重要构件建立了完整的信息，如图 12-17 所示，包括构件的定位、材质、设备的参数、尺寸等，通过二维码可以快速地查看这些信息，这样既能更好地进行信息管理，还能有效减少维护成本，结合可视化高精度模型，提供更多信息给进行维护的人员。

图 12-17　项目运维信息

总 结

应用 BIM 技术进行模型创建需要遵循一定的规则，并根据需求选择合理的建模深度。建模时需要围绕实际工程项目的特点及模型应用场景，合理而高效地构建并管理模型信息，为后续的模型应用奠定基础，充分发挥出 BIM 技术真正的应用价值。